미니모의고사로 만나는 수능연계 우수 문항집

수능특강 Q

미니모의고사

14회분 수록

수학영역
수학 I

1 흔들리지 않는 수능 실전력 완성

2 역대 수능 연계교재 고퀄리티 문항 수록

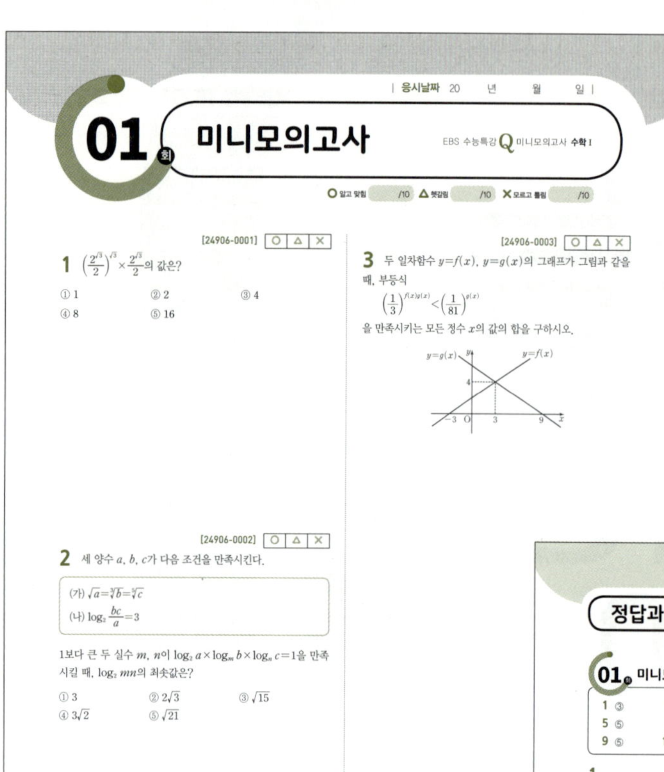

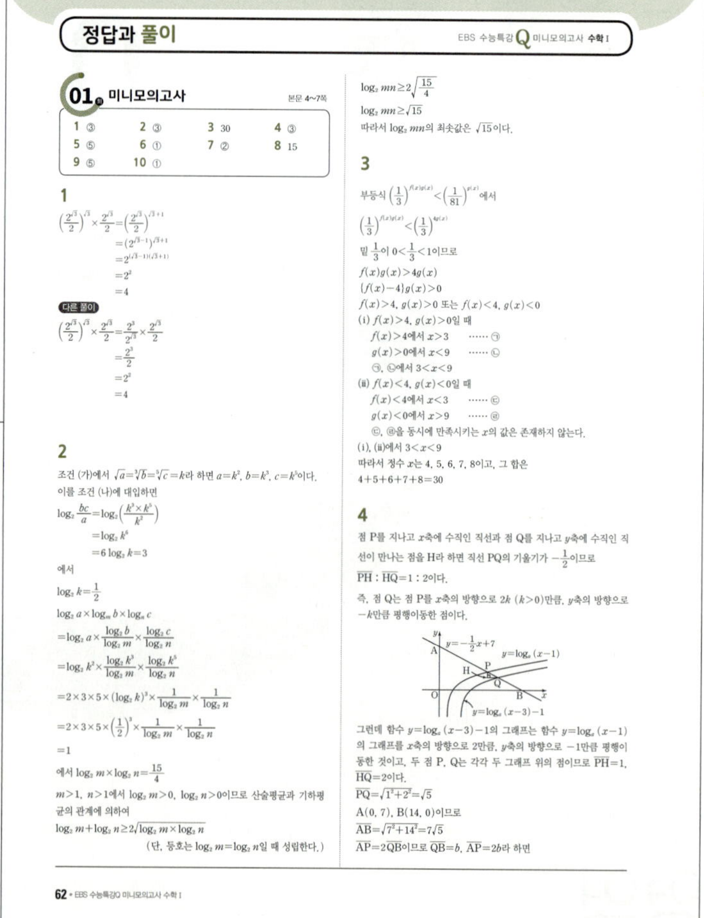

- 한국교육과정평가원이 감수한 과년도 EBS 수능 연계교재의 우수 문항을 선제하여 미니모의고사 형태로 구성하였습니다.
- 목표 시간 내에 문제를 푸는 연습을 통해 실전에 대비할 수 있습니다.

학습자 스스로 문제의 핵심을 파악할 수 있도록 명확한 풀이를 제공합니다. 잘 풀리지 않는 문제는 풀이를 통해 확실히 이해할 수 있습니다.

이 책의 **차례**

※ 미니모의고사 학습 계획을 세우고 매일 실천해 보세요!
※ 풀이 시간과 틀린 문항을 정리해 복습에 활용하세요!

모의고사	문제	풀이	학습일	풀이 시간	헷갈린 문항 / 틀린 문항 번호
01회	4쪽	62쪽	월 일	분	
02회	8쪽	64쪽	월 일	분	
03회	12쪽	67쪽	월 일	분	
04회	16쪽	69쪽	월 일	분	
05회	20쪽	72쪽	월 일	분	
06회	24쪽	74쪽	월 일	분	
07회	28쪽	77쪽	월 일	분	
08회	32쪽	80쪽	월 일	분	
09회	36쪽	82쪽	월 일	분	
10회	40쪽	85쪽	월 일	분	
11회	44쪽	87쪽	월 일	분	
12회	48쪽	90쪽	월 일	분	
13회	52쪽	92쪽	월 일	분	
14회	56쪽	94쪽	월 일	분	

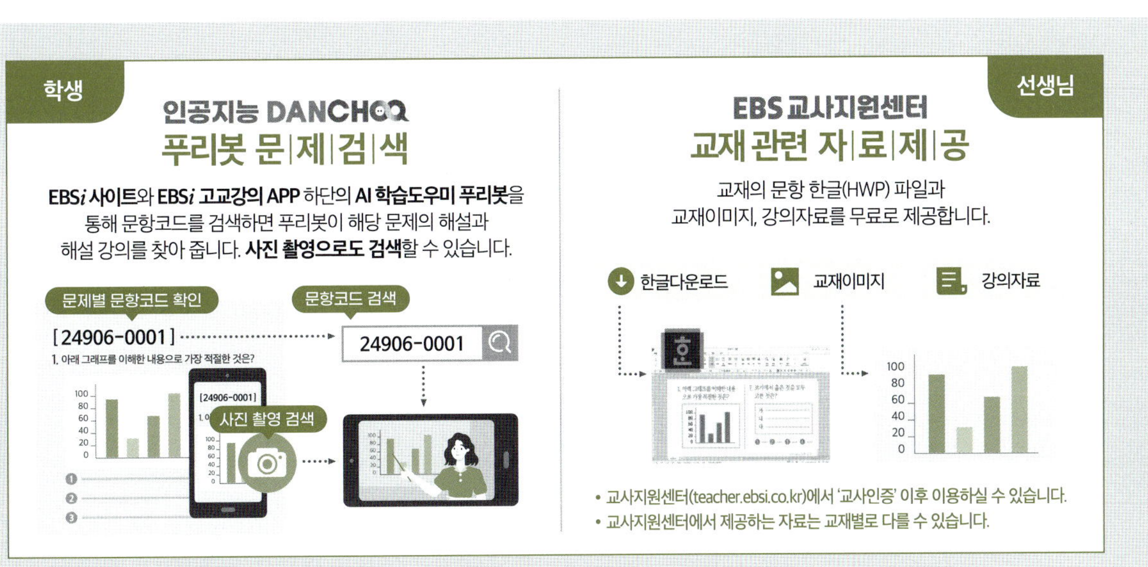

01 회 미니모의고사

EBS 수능특강 **Q** 미니모의고사 **수학Ⅰ**

[24906-0001] 〇 △ ✕

1 $\left(\dfrac{2^{\sqrt{3}}}{2}\right)^{\sqrt{3}} \times \dfrac{2^{\sqrt{3}}}{2}$ 의 값은?

① 1 ② 2 ③ 4

④ 8 ⑤ 16

[24906-0002] 〇 △ ✕

2 세 양수 a, b, c가 다음 조건을 만족시킨다.

> (가) $\sqrt{a}=\sqrt[3]{b}=\sqrt[5]{c}$
>
> (나) $\log_2 \dfrac{bc}{a}=3$

1보다 큰 두 실수 m, n이 $\log_2 a \times \log_m b \times \log_n c = 1$을 만족시킬 때, $\log_2 mn$의 최솟값은?

① 3 ② $2\sqrt{3}$ ③ $\sqrt{15}$

④ $3\sqrt{2}$ ⑤ $\sqrt{21}$

[24906-0003] 〇 △ ✕

3 두 일차함수 $y=f(x)$, $y=g(x)$의 그래프가 그림과 같을 때, 부등식

$$\left(\frac{1}{3}\right)^{f(x)g(x)} < \left(\frac{1}{81}\right)^{g(x)}$$

을 만족시키는 모든 정수 x의 값의 합을 구하시오.

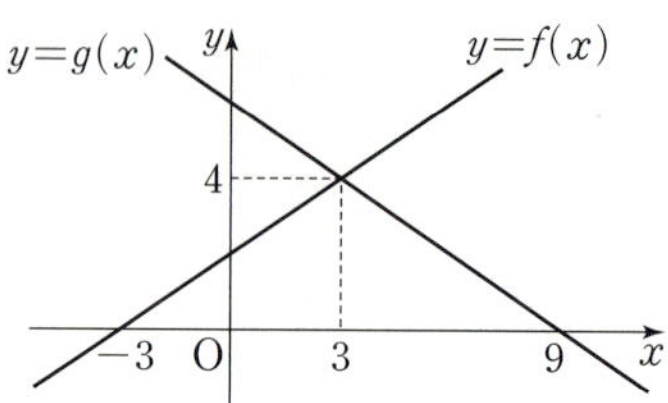

[24906-0004] ○ △ ✕

고난도

4 그림과 같이 직선 $y=-\dfrac{1}{2}x+7$이 y축, x축과 만나는 점을 각각 A, B라 하고, 직선 $y=-\dfrac{1}{2}x+7$이 두 함수 $y=\log_a (x-1)$, $y=\log_a (x-3)-1$의 그래프와 만나는 점을 각각 P, Q라 하자. $\overline{AP}=2\overline{QB}$일 때, 상수 a의 값은?

(단, $a>1$)

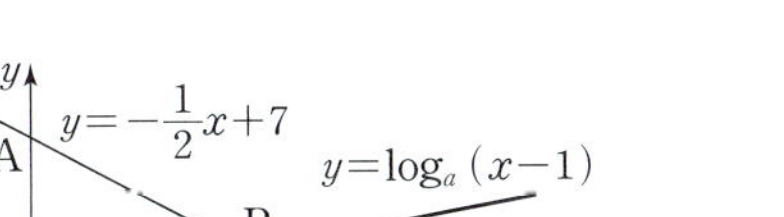
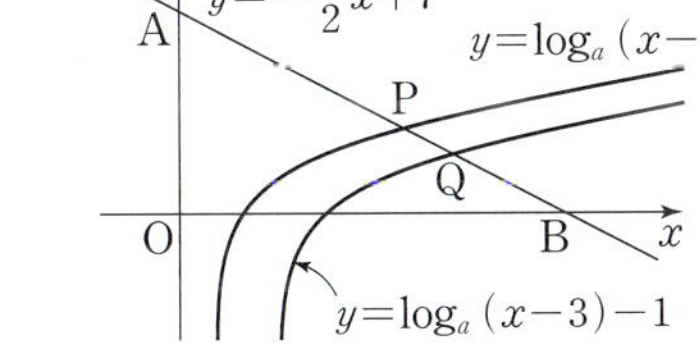

① $\sqrt[3]{5}$ ② $\sqrt{3}$ ③ $\sqrt[3]{7}$

④ $\sqrt[3]{9}$ ⑤ $\sqrt{5}$

[24906-0005] ○ △ ✕

5 $\dfrac{\pi}{2}<\theta<\pi$인 θ에 대하여 $\tan\theta+\dfrac{1}{\tan\theta}=-4$일 때, $\sin\theta-\cos\theta$의 값은?

① $-\dfrac{\sqrt{6}}{2}$ ② $-\dfrac{\sqrt{6}}{4}$ ③ 0

④ $\dfrac{\sqrt{6}}{4}$ ⑤ $\dfrac{\sqrt{6}}{2}$

[24906-0006] ○ △ ✕

6 모든 실수 x에 대하여 부등식 $\sin^2 x-4\sin x+7-k\geq 0$이 항상 성립하도록 하는 실수 k의 최댓값은?

① 4 ② 5 ③ 6

④ 7 ⑤ 8

[24906-0007] ○ △ ✕

7 그림과 같이 삼각형 ABC에서 $C=135°$, $\overline{AB}=2\sqrt{26}$이고 $\overline{BC}+\overline{AC}=8+2\sqrt{2}$일 때, 삼각형 ABC의 넓이는?

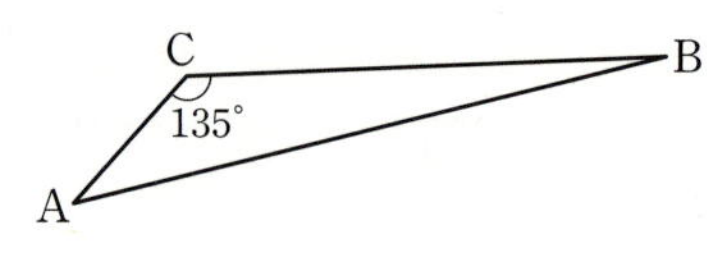

① $\dfrac{15}{2}$ ② 8 ③ $\dfrac{17}{2}$

④ 9 ⑤ $\dfrac{19}{2}$

[24906-0008] ○ △ ✕

8 첫째항이 -2이고 공차가 3인 등차수열을 $\{a_n\}$이라 하자. $b_n=2^{a_n}$이라 할 때, $b_5+b_6+b_7+b_8+b_9=\dfrac{2^{10}}{7}(2^m-1)$이다. 자연수 m의 값을 구하시오.

9 [24906-0009] ○ △ ✕

다음은 모든 자연수 n에 대하여

$$2 \times 6 \times 10 \times \cdots \times (4n-2) = \frac{(2n)!}{n!} \qquad \cdots\cdots (*)$$

이 성립함을 수학적 귀납법으로 증명한 것이다.

(ⅰ) $n=1$일 때, (좌변)$=2$, (우변)$=\dfrac{2!}{1!}=2$이므로

  $(*)$이 성립한다.

(ⅱ) $n=k$일 때, $(*)$이 성립한다고 가정하면

$$2 \times 6 \times 10 \times \cdots \times (4k-2) = \frac{(2k)!}{k!} \qquad \cdots\cdots ㉠$$

㉠의 양변에 $(4k+2)$를 곱하면

$$2 \times 6 \times 10 \times \cdots \times (4k-2) \times (4k+2)$$

$$= \frac{\boxed{(가)}}{k!}$$

$$= \frac{\boxed{(가)}}{2(k+1)!} \times (\boxed{(나)})$$

$$= \frac{(2k+2)!}{(k+1)!}$$

이므로 $n=k+1$일 때도 $(*)$이 성립한다.

(ⅰ), (ⅱ)에 의하여 모든 자연수 n에 대하여 $(*)$이 성립한다.

위의 (가), (나)에 알맞은 식을 각각 $f(k)$, $g(k)$라 할 때,

$\dfrac{10! \times g(3)}{f(4)}$의 값은?

① 32　　　　② 34　　　　③ 36

④ 38　　　　⑤ 40

---

10 고난도 [24906-0010] ○ △ ✕

그림과 같이 자연수 n에 대하여 점 $A(0, -1)$에서 함수 $y=\dfrac{1}{n}x^2$의 그래프에 그은 기울기가 양수인 접선의 접점을 $P(x_n, y_n)$이라 할 때, $\displaystyle\sum_{n=1}^{15} \frac{y_n}{x_n + x_{n+1}}$의 값은?

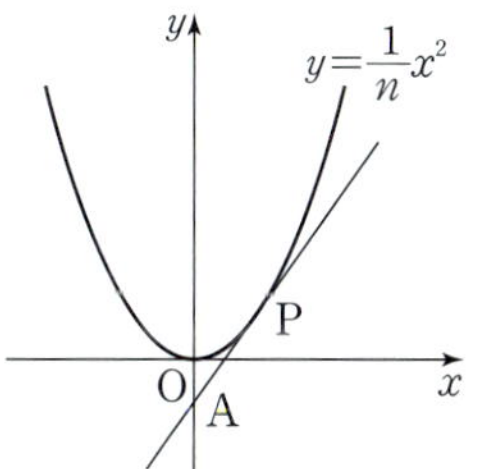

① 3　　　　② 4　　　　③ 5

④ 6　　　　⑤ 7

02_회 미니모의고사

EBS 수능특강 Q 미니모의고사 **수학 I**

O 알고 맞힘 　/10　 **△** 헷갈림 　/10　 **X** 모르고 틀림 　/10

[24906-0011] O | △ | X

1 $\log_5 16 \times \log_2 \dfrac{1}{5}$의 값은?

① -4 　　　② -2 　　　③ 1

④ 2 　　　⑤ 4

[24906-0012] O | △ | X

2 $a^{\frac{1}{2}} = \sqrt[3]{\sqrt{2}-1}$일 때, $\dfrac{a^{-\frac{1}{2}}}{a+a^{-\frac{1}{2}}} + \dfrac{a^{\frac{1}{2}}}{a^2-a^{\frac{1}{2}}}$의 값은?

① $-\sqrt{2}$ 　　　② -1 　　　③ $\dfrac{\sqrt{2}}{2}$

④ $\sqrt{2}$ 　　　⑤ 1

[24906-0013] O | △ | X

3 모든 실수 x에 대하여 부등식

$$(2^x+2)^2+2^x+a>0$$

이 성립하도록 하는 실수 a의 최솟값은?

① -1 　　　② -2 　　　③ -3

④ -4 　　　⑤ -5

[24906-0014] ○ △ ×

고난도

4 그림과 같이 곡선 $y=\log_{\frac{3}{2}} x$ 위의 제1사분면에 있는 점 P를 지나고 기울기가 -1인 직선이 x축과 만나는 점을 Q라 하자. 또 곡선 $y=\log_{\frac{2}{3}} x$ 위의 제4사분면에 있는 점 R를 지나고 기울기가 1인 직선이 y축과 만나는 점을 S라 하자. 네 점 P, Q, R, S가 다음 조건을 만족시킬 때, 점 P의 x좌표는?

(단, O는 원점이다.)

> (가) $\sqrt{2}\times\overline{OQ}=\overline{PQ}+\overline{RS}+\sqrt{2}$
> (나) 두 점 P, R의 y좌표의 합은 1이다.

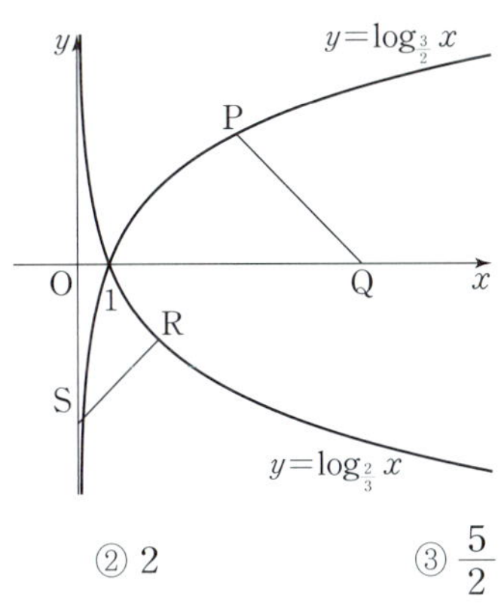

① $\dfrac{3}{2}$ ② 2 ③ $\dfrac{5}{2}$

④ 3 ⑤ $\dfrac{7}{2}$

[24906-0015] ○ △ ×

5 $\dfrac{3}{2}\pi<\theta<2\pi$인 θ에 대하여 $\sin\theta=-\dfrac{2}{3}$일 때, $\sin\left(\dfrac{\pi}{2}-\theta\right)+\tan(\pi+\theta)$의 값은?

① $-\dfrac{\sqrt{5}}{5}$ ② $-\dfrac{\sqrt{5}}{15}$ ③ $\dfrac{\sqrt{5}}{15}$

④ $\dfrac{\sqrt{5}}{5}$ ⑤ $\dfrac{\sqrt{5}}{3}$

[24906-0016] ○ △ ×

6 반지름의 길이가 16인 원에 내접하는 삼각형 ABC에서 $\cos A=\dfrac{\sqrt{7}}{4}$일 때, 선분 BC의 길이는?

① 21 ② 22 ③ 23

④ 24 ⑤ 25

[24906-0017] ○ △ ✕

7 그림과 같이 $0 \le x < 2$일 때, 함수 $y = 2\cos \pi x$의 그래프와 직선 $y = m \ (0 < m < 2)$가 서로 다른 두 점 A, B에서 만난다. 직선 OA의 기울기가 직선 OB의 기울기의 7배일 때, 선분 AB의 길이를 n이라 하자. $m^2 \times n$의 값을 구하시오.

(단, O는 원점이다.)

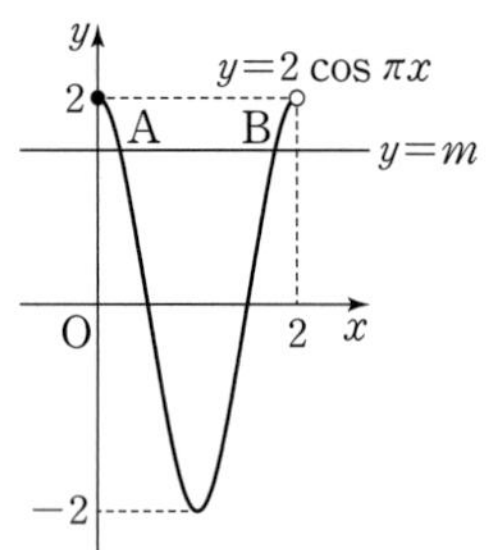

[24906-0018] ○ △ ✕

8 등차수열 $\{a_n\}$에 대하여

$$a_1 a_9 = -60, \quad a_4 a_6 = 0$$

일 때, $a_3 a_7$의 값은?

① -18 　　② -16 　　③ -14
④ -12 　　⑤ -10

[24906-0019] ○ △ ✕

9 $\displaystyle\sum_{k=1}^{n}\frac{1}{\sqrt{k+1}+\sqrt{k}}=6$을 만족시키는 자연수 n에 대하여

$\displaystyle\sum_{k=1}^{2n}\frac{1}{\sqrt{3k+1}+\sqrt{3k-2}}$의 값은?

① 5   ② $\dfrac{16}{3}$ ③ $\dfrac{17}{3}$

④ 6   ⑤ $\dfrac{19}{3}$

고난도   [24906-0020] ○ △ ✕

10 한 변의 길이가 1인 정삼각형 $A_1B_1C_1$이 있다. 모든 자연수 n에 대하여 선분 B_nC_n을 $2:5$로 내분하는 점을 D_n, 점 D_n을 지나고 선분 A_nC_n에 평행한 직선이 선분 A_nB_n과 만나는 점을 A_{n+1}이라 하자. 다음 조건을 만족시키도록 삼각형 $A_nB_nC_n$의 외부에 직선 $A_{n+1}B_n$ 위의 점 B_{n+1}과 직선 $A_{n+1}D_n$ 위의 점 C_{n+1}을 잡는다.

> (가) 삼각형 $A_{n+1}B_{n+1}C_{n+1}$은 정삼각형이다.
> (나) 세 삼각형 $A_{n+1}B_nD_n$, $C_nD_nC_{n+1}$, $A_{n+1}B_{n+1}C_{n+1}$의 넓이는 이 순서대로 등차수열을 이룬다.
> (다) $\overline{A_{n+1}B_n}<\overline{B_nB_{n+1}}$

$49\times\overline{A_1B_3}$의 값을 구하시오. (단, 모든 자연수 n에 대하여 선분 C_nC_{n+1}은 직선 A_nB_n과 만나지 않는다.)

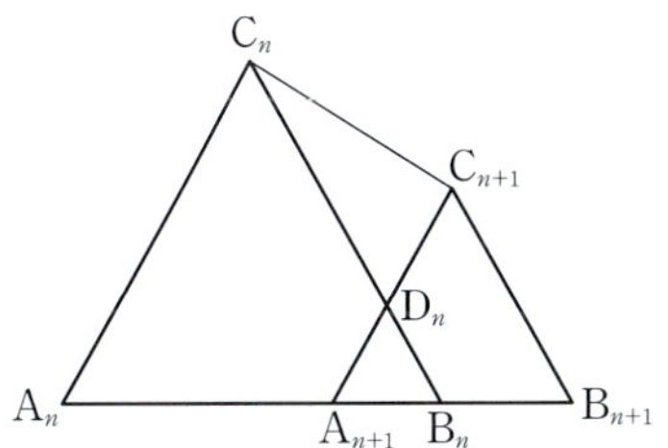

03 회 미니모의고사

EBS 수능특강 Q 미니모의고사 **수학 I**

○ 알고 맞힘 ___/10   △ 헷갈림 ___/10   ✕ 모르고 틀림 ___/10

[24906-0021]　○ △ ✕

1 $\dfrac{(\sqrt[3]{\sqrt{2}})^2+\sqrt[6]{4}+\sqrt[3]{\sqrt[3]{8}}}{\sqrt[3]{2}}$ 의 값은?

① 1　　　　② 2　　　　③ 3

④ 4　　　　⑤ 5

[24906-0022]　○ △ ✕

2 두 양수 a, b에 대하여 $a^{-\frac{1}{2}}+b^{-\frac{1}{2}}=3$, $a^{-1}+b^{-1}=5$일 때, $a^{\frac{1}{2}}b^{-\frac{1}{2}}+a^{-\frac{1}{2}}b^{\frac{1}{2}}$의 값은?

① $\dfrac{3}{2}$　　　　② 2　　　　③ $\dfrac{5}{2}$

④ 3　　　　⑤ $\dfrac{7}{2}$

[24906-0023]　○ △ ✕

3 $0<a<1$인 상수 a와 상수 b에 대하여 정의역이 $\{x\,|\,1\leq x\leq 2\}$인 함수 $f(x)=a^x+b$의 최댓값을 M, 최솟값을 m이라 하자. $M+m=\dfrac{15}{4}$, $M-m=\dfrac{1}{4}$일 때, $a-b$의 값은?

① -5　　　　② -4　　　　③ -3

④ -2　　　　⑤ -1

---

4 [24906-0024] ○ △ ✕

$\sqrt{2}$보다 큰 실수 a에 대하여 두 함수 $y=a^x$, $y=\log_a x$의 그래프가 그림과 같다. 두 곡선 $y=a^x$, $y=\log_a x$가 직선 $x=2$와 만나는 점을 각각 A, B라 하고, 직선 $y=2$와 만나는 점을 각각 C, D라 하자. 점 $\mathrm{P}(2, 2)$에 대하여 삼각형 PCB의 넓이가 $\dfrac{8}{9}$일 때, 삼각형 PDA의 넓이를 구하시오.

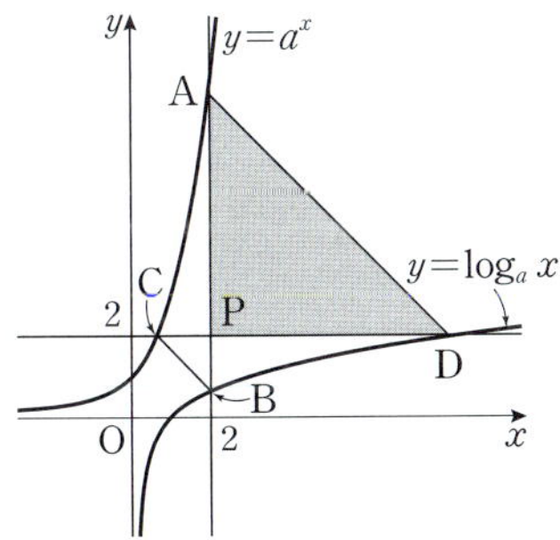

5 [24906-0025] ○ △ ✕

$\sin\theta>0$이고 $\dfrac{\cos\theta}{1+\sin\theta}+\dfrac{1+\sin\theta}{\cos\theta}=-6$일 때, $\sin\theta\times\tan\theta$의 값은?

① $-\dfrac{8}{3}$ ② $-\dfrac{2\sqrt{2}}{3}$ ③ $-\dfrac{1}{3}$

④ $\dfrac{2\sqrt{2}}{3}$ ⑤ $\dfrac{8}{3}$

6 [24906-0026] ○ △ ✕

$0\le\theta<2\pi$일 때, x에 대한 이차방정식
$$x^2+(4\sin\theta)x-2+10\cos\theta=0$$
이 실근을 갖도록 하는 모든 θ의 값의 범위는 $\alpha\le\theta\le\beta$이다. $\beta-\alpha$의 값은?

① $\dfrac{7}{6}\pi$ ② $\dfrac{4}{3}\pi$ ③ $\dfrac{3}{2}\pi$

④ $\dfrac{5}{3}\pi$ ⑤ $\dfrac{11}{6}\pi$

고난도 [24906-0027] ○ △ ✕

7 삼각형 ABC가 다음 조건을 만족시킨다.

> (가) $\sin A + \sin B = 2 \sin C$
> (나) $\cos A + \cos B = 2 \cos C$

다음 중 삼각형 ABC의 모양으로 항상 옳은 것은?

① 정삼각형
② $a = b \neq c$인 이등변삼각형
③ $a = c \neq b$인 이등변삼각형
④ $A = 90°$인 직각삼각형
⑤ $B = 90°$인 직각삼각형

[24906-0028] ○ △ ✕

8 $a_1 = 1$인 수열 $\{a_n\}$의 첫째항부터 제 n항까지의 합을 S_n이라 할 때, 모든 자연수 n에 대하여

$$\frac{S_{n+1}}{S_n} = \frac{1}{10}$$

을 만족시킨다. $\dfrac{a_9}{S_{10}}$의 값은?

① -100
② -90
③ -80
④ -70
⑤ -60

[24906-0029] ○ △ ✕

9 그림과 같이 $\angle A$가 직각인 삼각형 ABC의 꼭짓점 A에서 선분 BC에 내린 수선의 발을 D라 하자. 세 직각삼각형 ABC, ABD, ADC의 넓이가 이 순서대로 등차수열을 이룰 때, $\sin C$의 값은?

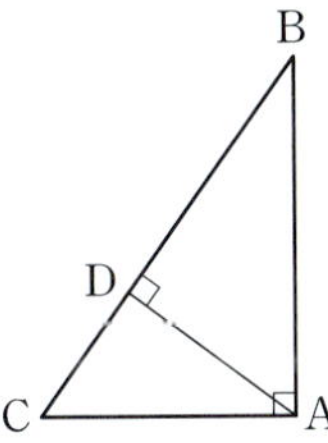

① $\dfrac{\sqrt{2}}{3}$ ② $\dfrac{\sqrt{3}}{3}$ ③ $\dfrac{2}{3}$

④ $\dfrac{\sqrt{5}}{3}$ ⑤ $\dfrac{\sqrt{6}}{3}$

[고난도] [24906-0030] ○ △ ✕

10 수열 $\{a_n\}$이 모든 자연수 n에 대하여

$$a_{n+1} = \begin{cases} n + a_n & (a_n < n) \\ a_n - p & (a_n \geq n) \end{cases}$$

을 만족시킨다. 수열 $\{a_n\}$이 다음 조건을 만족시키도록 하는 모든 p의 값의 합을 구하시오.

> (가) p는 10 이하의 자연수이다.
> (나) $a_m = 0$, $a_{m+4} = 0$인 자연수 m이 존재한다.

04_회 미니모의고사

EBS 수능특강 **Q** 미니모의고사 **수학 I**

O 알고 맞힘 ___/10   **△** 헷갈림 ___/10   **X** 모르고 틀림 ___/10

[24906-0031] O △ X

1 $\log_2(\sqrt{17}+1)+\log_2(\sqrt{17}-1)-\log_2 8$의 값은?

① 1   ② 2   ③ 3
④ 4   ⑤ 5

[24906-0032] O △ X

2 $\sqrt[n]{\sqrt[n]{a^3}}$의 값이 자연수가 되도록 하는 2 이상의 두 자연수 n, a에 대하여 $n+a$의 최솟값을 구하시오.

[24906-0033] O △ X

3 함수 $y=4^x$의 그래프를 x축의 방향으로 2만큼 평행이동한 그래프가 나타내는 함수를 $y=f(x)$라 하고, 함수 $y=4^x$의 그래프를 y축에 대하여 대칭이동한 그래프가 나타내는 함수를 $y=g(x)$라 하자. 그림과 같이 곡선 $y=4^x$ 위의 점 $P(t, 4^t)$ $(t>1)$에 대하여 점 P를 지나고 x축에 평행한 직선이 두 곡선 $y=f(x)$, $y=g(x)$와 만나는 점을 각각 Q, R라 하고, 점 P를 지나고 y축에 평행한 직선이 두 곡선 $y=f(x)$, $y=g(x)$와 만나는 점을 각각 S, T라 하자. $\overline{QR}=5$일 때, 선분 ST의 길이는?

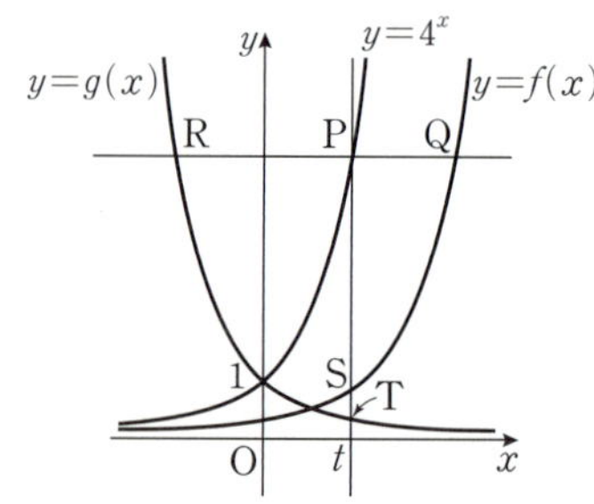

① $\dfrac{1}{8}$ ② $\dfrac{1}{4}$ ③ $\dfrac{3}{8}$
④ $\dfrac{1}{2}$ ⑤ $\dfrac{5}{8}$

[24906-0034] ○ △ ✕

고난도

4 그림과 같이 함수 $f(x)=\left(\dfrac{1}{2}\right)^{x-2}+3$의 그래프와 함수 $g(x)=\log_{\frac{1}{2}}\dfrac{x-3}{4}$의 그래프가 만나는 점을 $A(x_1,\ y_1)$, 원 $x^2+y^2=49$가 두 함수 $y=f(x),\ y=g(x)$의 그래프와 제1사분면에서 만나는 점을 각각 $B(x_2,\ y_2)$, $C(x_3,\ y_3)$이라 할 때, **보기**에서 옳은 것만을 있는 대로 고른 것은?

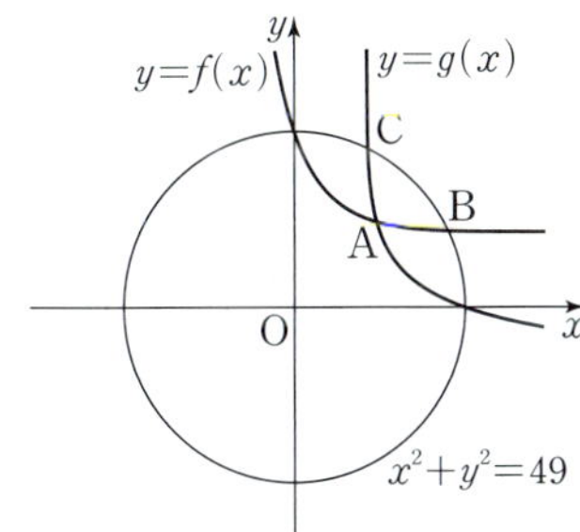

> **보기**
>
> ㄱ. $3<x_1<4$
>
> ㄴ. $x_3-x_2=y_2-y_3$
>
> ㄷ. 삼각형 ABC의 넓이는 8보다 크다.

① ㄱ ② ㄴ ③ ㄱ, ㄴ

④ ㄴ, ㄷ ⑤ ㄱ, ㄴ, ㄷ

[24906-0035] ○ △ ✕

5 x에 대한 방정식 $25x^2-40x+k=0$의 두 근이 $\sin\theta+\cos\theta$, $\sin\theta-\cos\theta$일 때, 상수 k의 값은?

① 1 ② 3 ③ 5

④ 7 ⑤ 9

[24906-0036] ○ △ ✕

6 $\overline{BC}=2$인 삼각형 ABC가 다음 조건을 만족시킬 때, 삼각형 ABC의 넓이는?

> (가) $\sqrt{2}\sin A=\sin B$
> (나) $\overline{CA}^2=\overline{AB}\times\overline{BC}$

① $\sqrt{6}$ ② $\sqrt{7}$ ③ $2\sqrt{2}$

④ 3 ⑤ $\sqrt{10}$

고난도 [24906-0037] ○ △ ✕

7 그림과 같이 $\overline{AB}=30$ km, $\overline{AC}=20$ km인 세 지점 A, B, C에 대하여 $\angle CAB=60°$이다. 여객선 P는 지점 A에서 출발하여 지점 B를 향하여 일정한 속력으로 일직선으로 움직이고 여객선 Q는 지점 C에서 출발하여 지점 A를 향하여 여객선 P의 속력의 두 배의 속력으로 일직선으로 움직인다. 두 여객선 P, Q가 동시에 출발했을 때 두 여객선 P와 Q를 잇는 선분이 두 지점 B와 C를 잇는 선분과 평행이 되는 순간 두 여객선 사이의 거리는 $\dfrac{q}{p}\sqrt{7}$ km이다. $p+q$의 값을 구하시오.

(단, p와 q는 서로소인 자연수이다.)

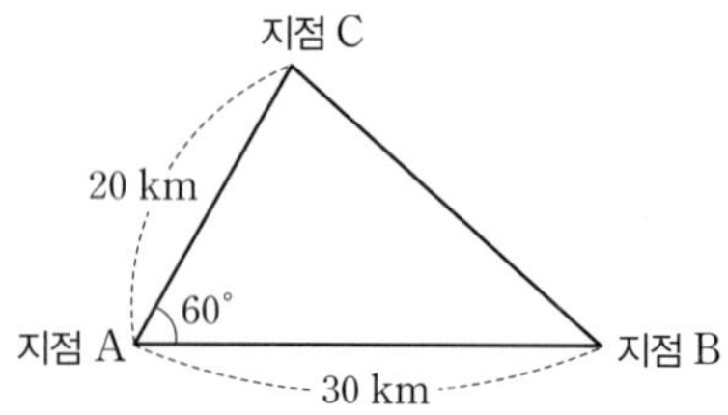

---

8 [24906-0038] ○ △ ✕

모든 항이 양수인 등비수열 $\{a_n\}$이

$$\frac{a_1 a_4}{a_3}=2,\ a_2+a_6=10$$

을 만족시킨다. 모든 자연수 n에 대하여 $b_n=\dfrac{a_{2n}}{2a_{n+1}}$이라 할 때, 수열 $\{b_n\}$의 첫째항부터 제8항까지의 합은?

① $\dfrac{7}{2}(\sqrt{2}+1)$ ② $\dfrac{11}{2}(\sqrt{2}+1)$ ③ $\dfrac{15}{2}(\sqrt{2}+1)$

④ $\dfrac{19}{2}(\sqrt{2}+1)$ ⑤ $\dfrac{23}{2}(\sqrt{2}+1)$

[고난도] [24906-0039] ○ △ ✕

9 공차가 자연수인 두 등차수열 $\{a_n\}$, $\{b_n\}$에 대하여 두 집합 A, B는

$$A=\{a_k \mid a_k는\ 수열\ \{a_n\}의\ 항,\ 1\le a_k\le 20\},$$
$$B=\{b_k \mid b_k는\ 수열\ \{b_n\}의\ 항,\ k는\ 1\le k\le 10인\ 자연수\}$$

이다. 두 수열 $\{a_n\}$, $\{b_n\}$의 공차가 각각 d_1, d_2일 때, 다음 조건을 만족시키는 d_1, d_2의 모든 순서쌍 $(d_1,\ d_2)$의 개수를 구하시오.

> (가) $a_5=b_5=3$
> (나) $n(A\cap B)=n(B-A)$

[24906-0040] ○ △ ✕

10 모든 항이 양수이고 $a_1=6$인 수열 $\{a_n\}$의 첫째항부터 제n항까지의 합을 S_n이라 할 때, 모든 자연수 n에 대하여

$$2(S_{n+1}+S_n)=(S_{n+1}-S_n)^2 \quad\cdots\cdots (*)$$

이 성립한다. 다음은 a_n을 구하는 과정이다.

> $S_1=a_1=6$이므로 $(*)$에 $n=1$을 대입하면
> $$2(S_2+S_1)=(S_2-S_1)^2$$
> $S_2=a_1+a_2=6+a_2$이므로
> $$a_2=\boxed{\ (가)\ }$$
> 한편, $(*)$에 n 대신 $n+1$을 대입하면
> $$2(S_{n+2}+S_{n+1})=(S_{n+2}-S_{n+1})^2 \quad\cdots\cdots ㉠$$
> $㉠-(*)$에서
> $$a_{n+2}-a_{n+1}=\boxed{\ (나)\ }$$
> 따라서 $a_1=6$, $a_n=\boxed{\ (다)\ }\ (n\ge 2)$

위의 (가), (나)에 알맞은 수를 각각 p, q라 하고, (다)에 알맞은 식을 $f(n)$이라 할 때, $\dfrac{p+f(10)}{q}$의 값은?

① 11   ② 12   ③ 13

④ 14   ⑤ 15

05_회 미니모의고사

O 알고 맞힘 /10   △ 헷갈림 /10   ✕ 모르고 틀림 /10

[24906-0041] O △ ✕

1 $\sqrt[3]{-64} + \dfrac{\sqrt[4]{162}}{\sqrt{\sqrt{2}}}$ 의 값은?

① -2 ② -1 ③ 0

④ 1 ⑤ 2

[24906-0042] O △ ✕

2 함수 $y=\log_3(5x-45)$의 그래프는 함수 $y=\log_3 x$의 그래프를 x축의 방향으로 m만큼, y축의 방향으로 n만큼 평행이동한 것이다. 두 상수 m, n에 대하여 m^n의 값을 구하시오.

[24906-0043] O △ ✕

3 $2 \le m \le 9$, $2 \le n \le 9$인 두 자연수 m, n에 대하여 $\sqrt[3]{(mn)^{\frac{n}{m}}}$의 값이 자연수가 되도록 하는 m, n의 모든 순서쌍 (m, n)의 개수는?

① 2 ② 3 ③ 4

④ 5 ⑤ 6

고난도 [24906-0044] ○ △ ✕

4 그림과 같이 1보다 큰 두 양수 a, b $(a>b)$에 대하여 점 $A(2, 0)$을 지나고 기울기가 1인 직선이 두 함수 $y=\log_a x$, $y=\log_b x$의 그래프와 제1사분면에서 만나는 점을 각각 P, Q 라 하자. 점 P를 중심으로 하는 원을 C라 할 때, 원 C는 두 점 A, Q를 지난다. 이 원 C와 x축이 만나는 점 중 A가 아닌 점 R에 대하여 $\overline{AR}=2$이다. $a+b$의 값은?

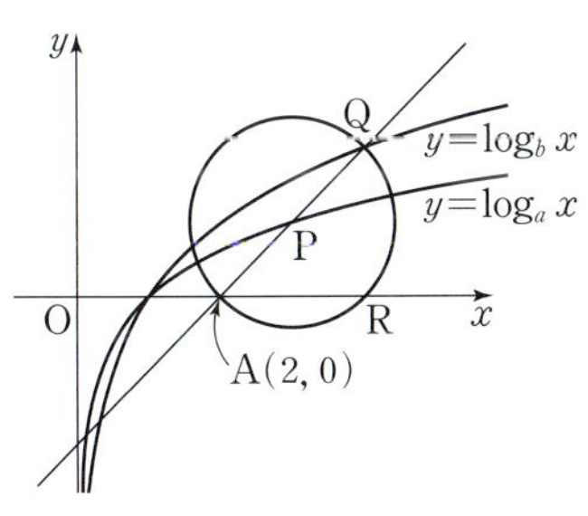

① 4   ② 5   ③ 6
④ 7   ⑤ 8

[24906-0045] ○ △ ✕

5 그림과 같이 길이가 6인 선분 AB를 지름으로 하는 반원 의 호 위에 점 P가 있다. 선분 AB 위에 점 Q를 $\overline{AP}=\overline{AQ}$가 되도록 잡고 부채꼴 APQ의 호 PQ를 그린다. 호 BP의 길이 가 π일 때, 부채꼴 APQ의 호 PQ의 길이는?

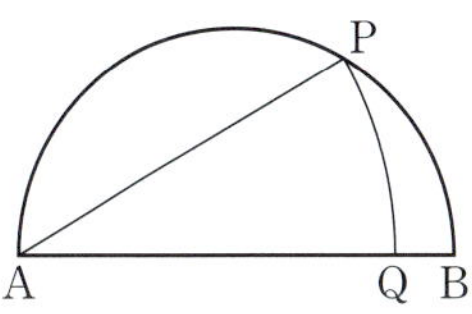

① $\dfrac{3\sqrt{3}}{8}\pi$ ② $\dfrac{5\sqrt{3}}{12}\pi$ ③ $\dfrac{11\sqrt{3}}{24}\pi$

④ $\dfrac{\sqrt{3}}{2}\pi$ ⑤ $\dfrac{13\sqrt{3}}{24}\pi$

[24906-0046] ○ △ ✕

6 삼각형 ABC에서
$$\sin^2 A+\sin^2 B=2\sin^2 C$$
일 때, $\cos C$의 최솟값은?

① $\dfrac{1}{8}$ ② $\dfrac{1}{4}$ ③ $\dfrac{3}{8}$

④ $\dfrac{1}{2}$ ⑤ $\dfrac{5}{8}$

[24906-0047] ○ △ ✕

7 다음 조건을 만족시키는 모든 자연수 n의 값의 합을 구하시오.

> (가) $\theta = \dfrac{\pi}{2n}$
>
> (나) $14 < \sin^2\theta + \sin^2 2\theta + \sin^2 3\theta + \cdots + \sin^2 n\theta < 16$

[24906-0048] ○ △ ✕

8 두 수 $\log_3 \dfrac{1}{2}$과 $\log_3 18$ 사이에 10개의 수 $a_1,\ a_2,\ a_3,\ \cdots,$ a_{10}을 넣어 만든 수열이 등차수열일 때, $a_1 + a_2 + a_3 + \cdots + a_{10}$의 값은?

① 9 ② 10 ③ 11

④ 12 ⑤ 13

[24906-0049] ○ △ ✕

고난도

9 그림과 같이 $\overline{OA}=\overline{OB}=6$, $\angle AOB=\dfrac{\pi}{3}$인 부채꼴 AOB의 내부에 호 AB와 두 선분 OA, OB에 모두 접하는 원을 C_1이라 하자. 원 C_1과 한 점에서 만나고 두 선분 OA, OB에 모두 접하는 원을 C_2라 하자. 이와 같은 방법으로 원 C_n과 한 점에서 만나고 두 선분 OA, OB에 모두 접하는 원을 C_{n+1}이라 하고, 원 C_n의 반지름의 길이를 a_n이라 할 때, 수열 $\{a_n\}$은 모든 자연수 n에 대하여

$$a_1=p, \ a_{n+1}=qa_n$$

을 만족시킨다. $24(p+q)$의 값을 구하시오. (단, $a_n>a_{n+1}$)

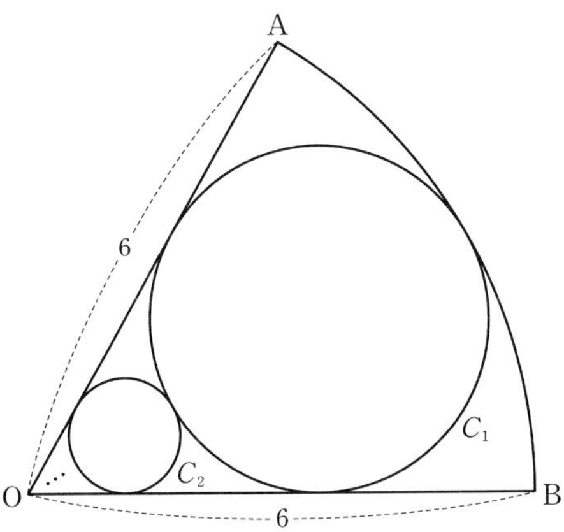

[24906-0050] ○ △ ✕

10 다음은 모든 자연수 n에 대하여

$$\frac{1\times 2^2}{2n^2-1}+\frac{5\times 4^2}{2n^2-1}+\frac{9\times 6^2}{2n^2-1}+\cdots+\frac{(4n-3)\times(2n)^2}{2n^2-1}$$
$$=2n(n+1) \qquad \cdots\cdots (\ast)$$

임을 수학적 귀납법을 이용하여 증명한 것이다.

(i) $n=1$일 때,

(좌변)$=4$, (우변)$=4$이므로 $(\ast)$이 성립한다.

(ii) $n=k$일 때, $(\ast)$이 성립한다고 가정하면

$$\frac{1\times 2^2}{2k^2-1}+\frac{5\times 4^2}{2k^2-1}+\frac{9\times 6^2}{2k^2-1}+\cdots+\frac{(4k-3)\times(2k)^2}{2k^2-1}$$
$$=2k(k+1)$$

이다. 이때

$$1\times 2^2+5\times 4^2+9\times 6^2+\cdots+(4k-3)\times(2k)^2$$
$$\qquad\qquad\qquad +(4k+1)\times(2k+2)^2$$
$$=\boxed{\ (가)\ }+(4k+1)\times(2k+2)^2$$
$$=2(k+1)\times(k+2)\times\{2\times(\boxed{\ (나)\ })+1\}$$

이므로

$$\frac{1\times 2^2}{2(k+1)^2-1}+\frac{5\times 4^2}{2(k+1)^2-1}+\frac{9\times 6^2}{2(k+1)^2-1}+$$
$$\cdots+\frac{(4k+1)\times\{2(k+1)\}^2}{2(k+1)^2-1}$$
$$=2(k+1)(k+2)$$

이다. 따라서 $n=k+1$일 때도 $(\ast)$이 성립한다.

(i), (ii)에 의하여 모든 자연수 n에 대하여

$$\frac{1\times 2^2}{2n^2-1}+\frac{5\times 4^2}{2n^2-1}+\frac{9\times 6^2}{2n^2-1}+\cdots+\frac{(4n-3)\times(2n)^2}{2n^2-1}$$
$$=2n(n+1)$$

이다.

위의 (가), (나)에 알맞은 식을 각각 $f(k)$, $g(k)$라 할 때, $\dfrac{f(5)}{g(3)}$의 값은?

① 194 　　② 196 　　③ 198
④ 200 　　⑤ 202

06회 미니모의고사

EBS 수능특강 Q 미니모의고사 **수학 I**

○ 알고 맞힘 /10   △ 헷갈림 /10   ✕ 모르고 틀림 /10

[24906-0051] ○ △ ✕

1 $\left(\dfrac{1}{2}\right)^{\log_2 3} \times 9^{\log_3 6}$의 값은?

① 6 ② 12 ③ 18

④ 24 ⑤ 30

[24906-0052] ○ △ ✕

2 부등식 $8^{x-5} \leq \left(\dfrac{1}{4}\right)^{x-3}$을 만족시키는 자연수 x의 개수는?

① 1 ② 2 ③ 3

④ 4 ⑤ 5

[24906-0053] ○ △ ✕

3 두 양수 a, b $(b \neq 1)$에 대하여 $a^2 b^{-3} = 1$일 때, $\log_b (a^m \times \sqrt{b^n}) = 10$을 만족시키는 두 자연수 m, n의 합 $m+n$의 최솟값은?

① 8 ② 9 ③ 10

④ 11 ⑤ 12

고난도 [24906-0054] ○ △ ×

4 1이 아닌 두 양수 a, b가 있다. 두 함수 $f(x)=a^x$, $g(x)=b^x$에 대하여 $x>0$에서 함수 $y=f(x)$의 그래프가 $y=g(x)$의 그래프보다 위쪽에 있을 때, **보기**에서 옳은 것만을 있는 대로 고른 것은?

┌─ 보기 ─────────────────────────┐
ㄱ. $a>1$이면 $b>1$이다.

ㄴ. $0<a<1$이면 $b<a$이다.

ㄷ. $ab<1$이면 $0<a<1$이다.
└──────────────────────────────┘

① ㄴ ② ㄷ ③ ㄱ, ㄷ
④ ㄴ, ㄷ ⑤ ㄱ, ㄴ, ㄷ

[24906-0055] ○ △ ×

5 두 양수 a, b에 대하여 $f(x)=a\cos(bx)+2$이다. 함수 $y=f(x)$의 그래프가 그림과 같고 $f(0)=f\left(\dfrac{\pi}{2}\right)=5$, $f\left(\dfrac{\pi}{4}\right)=-1$일 때, $f\left(\dfrac{11}{6}\pi\right)$의 값은?

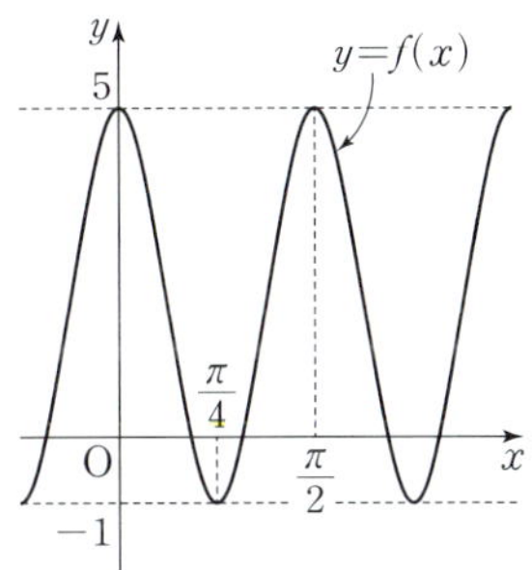

① $\dfrac{1}{2}$ ② $\dfrac{3}{2}$ ③ $\dfrac{5}{2}$
④ $\dfrac{7}{2}$ ⑤ $\dfrac{9}{2}$

[24906-0056] ○ △ ×

6 정의역이 $\{x\,|\,x\geq 0\}$인 함수 $f(x)$가 모든 자연수 n에 대하여 다음을 만족시킨다.

┌──────────────────────────────┐
$2n-2\leq x<2n$일 때, $f(x)=\sin(n\pi x)$이다.
└──────────────────────────────┘

$0\leq x<8$에서 방정식 $2f(x)-1=0$의 서로 다른 실근 중 가장 작은 값을 α, 가장 큰 값을 β라 할 때, $\dfrac{4\beta}{\alpha}$의 값을 구하시오.

[24906-0057] ○ △ ✕

7 그림과 같이 $\overline{AB}=\overline{AC}=5$인 예각삼각형 ABC의 외접원의 중심을 O라 하고, 선분 OA의 중점을 M이라 하자. 삼각형 ABC의 넓이가 10일 때, 선분 CM의 길이는?

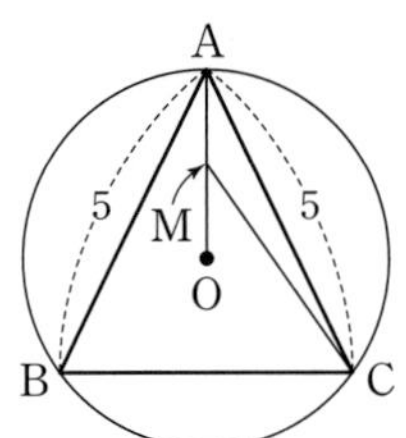

① $\dfrac{\sqrt{37}}{8}$　　② $\dfrac{\sqrt{37}}{4}$　　③ $\dfrac{3\sqrt{37}}{8}$

④ $\dfrac{\sqrt{37}}{2}$　　⑤ $\dfrac{5\sqrt{37}}{8}$

[24906-0058] ○ △ ✕

8 $a_3=6$, $a_6=162$인 등비수열 $\{a_n\}$의 첫째항부터 제n항까지의 합을 S_n이라 할 때, $\log_3\left(S_{10}+\dfrac{1}{3}\right)$의 값은?

① 6　　② 7　　③ 8

④ 9　　⑤ 10

[24906-0059] ○ △ ✕

9 첫째항이 -30이고 공차가 d인 등차수열 $\{a_n\}$의 첫째항부터 제n항까지의 합을 S_n이라 하자. d와 S_n은 다음 조건을 만족시킨다.

(가) d는 $3<d<30$인 자연수이다.
(나) $|S_l|=|S_{l+7}|=|S_m|$을 만족시키는 서로 다른 두 자연수 l, m이 존재한다.

$a_l+a_{l+7}+a_m$의 값을 구하시오. (단, $m>l+7$)

고난도 [24906-0060] ○ △ ✕

10 자연수 n에 대하여 두 집합 A_n, B_n을
$$A_n=\{x\,|\,n^2+n\leq x\leq n^2+n+6,\ x\text{는 정수}\},$$
$$B_n=\{y\,|\,2n^2-n\leq y\leq 2n^2-n+5,\ y\text{는 정수}\}$$
라 하자. 집합 $(A_n-B_n)\cup(B_n-A_n)$의 원소의 최솟값을 a_n이라 할 때, $\sum_{n=1}^{20}\dfrac{1}{a_n}$의 값은?

① $\dfrac{37}{28}$ ② $\dfrac{4}{3}$ ③ $\dfrac{113}{84}$

④ $\dfrac{19}{14}$ ⑤ $\dfrac{115}{84}$

07회 미니모의고사

EBS 수능특강 Q 미니모의고사 **수학 I**

○ 알고 맞힘 /10　△ 헷갈림 /10　✕ 모르고 틀림 /10

[24906-0061]　○ △ ✕

1 $\sqrt[3]{-27}+\sqrt[4]{(-2)^4}$의 값은?

① -2　　② -1　　③ 0

④ 1　　⑤ 2

[24906-0062]　○ △ ✕

2 자연수 a에 대하여

$\log_{(x-2)}\{-x^2+(2a+3)x-a(a+3)\}$이 정의되도록 하는 자연수 x가 4뿐일 때, a의 값은?

① 1　　② 2　　③ 3

④ 4　　⑤ 5

[24906-0063]　○ △ ✕

3 두 이차함수 $y=f(x)$, $y=g(x)$의 그래프가 그림과 같고, $f(-2)=f(6)=g(1)=g(14)=0$, $f(9)=g(9)$이다. 부등식 $\log_{\frac{1}{2}} f(x)>2\log_{\frac{1}{4}} g(x)$를 만족시키는 모든 정수 x의 개수는?

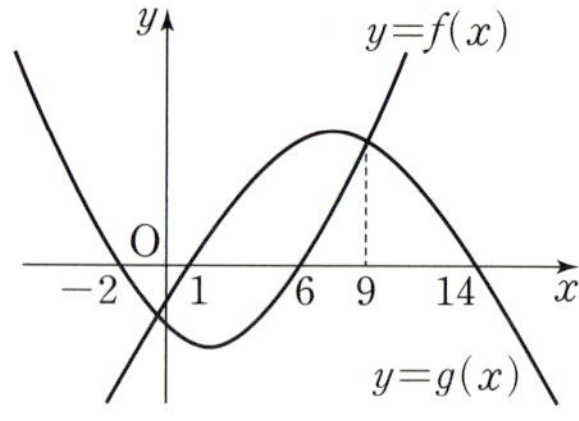

① 2　　② 4　　③ 6

④ 8　　⑤ 10

[24906-0064] ○ △ ✕

4 $a>1$인 상수 a에 대하여 두 함수 $y=a^x-1$, $y=\log_a(x+1)$의 그래프는 원점 O와 제1사분면 위의 점 P에서 만난다. $\overline{\text{OP}}=8\sqrt{2}$일 때, a^4의 값을 구하시오.

[24906-0065] ○ △ ✕

5 다음 조건을 만족시키는 부채꼴의 반지름의 길이를 r, 중심각의 크기를 θ라 할 때, $20(r+\theta)$의 값을 구하시오.

(가) 부채꼴의 둘레의 길이는 $\dfrac{7}{2}r$와 같다.

(나) 부채꼴의 넓이는 27이다.

[24906-0066] ○ △ ✕

6 그림과 같이 $\overline{\text{AB}}=4$, $\overline{\text{AC}}=3$인 삼각형 ABC가 있다. 변 BC 위의 점 P에 대하여 삼각형 ABP의 외접원의 넓이를 S_1, 삼각형 APC의 외접원의 넓이를 S_2라 할 때, $S_1:S_2$는?

$$(\text{단, } \overline{\text{PB}}>0, \overline{\text{PC}}>0)$$

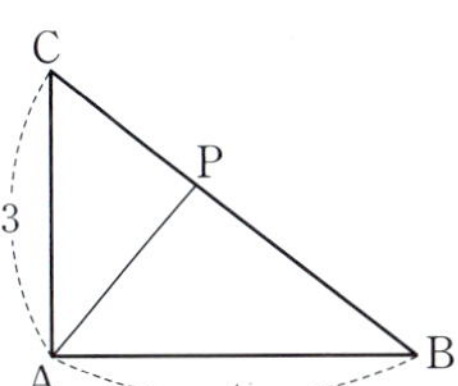

① $3:2$ ② $4:3$ ③ $9:4$

④ $16:9$ ⑤ $36:25$

[24906-0067] ○ △ ✕

고난도

7 그림과 같이 $\angle DAB = \dfrac{2}{3}\pi$, $\overline{BD} = 2\sqrt{3}$, $\overline{BC} + \overline{CD} = 4\sqrt{2}$ 인 사각형 ABCD에서 $\angle DAB$의 이등분선이 사각형 ABCD의 외접원의 중심 O를 지난다. 사각형 ABCD의 넓이는?

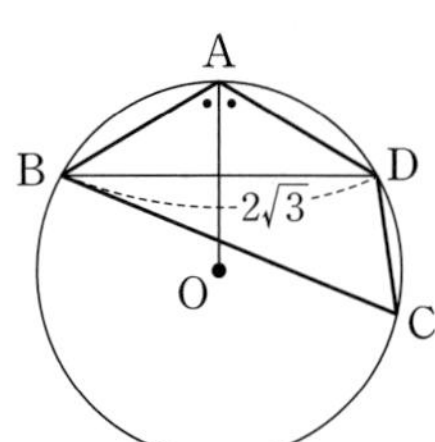

① $\dfrac{5\sqrt{3}}{3}$ ② $\dfrac{8\sqrt{3}}{3}$ ③ $\dfrac{11\sqrt{3}}{3}$

④ $\dfrac{14\sqrt{3}}{3}$ ⑤ $\dfrac{17\sqrt{3}}{3}$

[24906-0068] ○ △ ✕

8 자연수 n에 대하여 x에 대한 이차방정식
$$nx^2 - (n^2 - 12n)x - 8 = 0$$
의 두 근의 합을 a_n, 두 근의 곱을 b_n이라 할 때, $\displaystyle\sum_{k=1}^{15} \dfrac{a_k}{b_k}$의 값은?

① 21 ② 22 ③ 23

④ 24 ⑤ 25

9 수열 $\{a_n\}$은 $a_1=5$이고, 모든 자연수 n에 대하여

$$\begin{cases} a_{2n}=a_n-1 \\ a_{2n+1}=2a_n-3 \end{cases}$$

을 만족시킨다. 집합 $A=\{a_n\,|\,n$은 50 이하의 자연수$\}$의 원소의 값 중 최댓값은?

① 35   ② 36   ③ 37

④ 38   ⑤ 39

[24906-0069]

10 모든 항이 정수인 등차수열 $\{a_n\}$의 첫째항부터 제n항까지의 합을 S_n이라 하자.

$$\frac{a_6\times a_8}{2}=|a_9\times a_{16}|,\quad a_{11}\times a_{12}=|S_{16}|$$

일 때, $|a_{16}|$의 값을 구하시오.

(단, 모든 자연수 n에 대하여 $a_n\neq 0$이다.)

[24906-0070]

고난도

 08_회 미니모의고사

EBS 수능특강 **Q** 미니모의고사 **수학 Ⅰ**

O 알고 맞힘 ___ /10   **△** 헷갈림 ___ /10   **✕** 모르고 틀림 ___ /10

[24906-0071] O △ ✕

1 $\log_3 4 - 2\log_3 6$의 값은?

① -2　　② -1　　③ 0

④ 1　　⑤ 2

[24906-0072] O △ ✕

2 두 실수 x, y에 대하여 $6^x = 4^y = 27$일 때, $\dfrac{2}{x} - \dfrac{1}{y}$의 값은?

① $\dfrac{1}{3}$　　② $\dfrac{2}{3}$　　③ 1

④ $\dfrac{4}{3}$　　⑤ $\dfrac{5}{3}$

[24906-0073] O △ ✕

3 함수 $y = \left(\dfrac{1}{2}\right)^x$의 그래프를 x축의 방향으로 m만큼, y축의 방향으로 n만큼 평행이동하면 함수 $y = f(x)$의 그래프와 일치한다. 함수 $y = \left(\dfrac{1}{2}\right)^x$의 그래프가 y축과 만나는 점 A는 이 평행이동에 의하여 곡선 $y = f(x)$와 직선 $y = x+1$의 교점 B로 이동된다. 또 점 B를 지나고 기울기가 -1인 직선과 함수 $y = \log_2(x-n) + m$의 그래프의 교점을 C라 하자. 삼각형 ABC의 넓이가 6일 때, $f(2)$의 값을 구하시오.

(단, m, n은 양의 실수이다.)

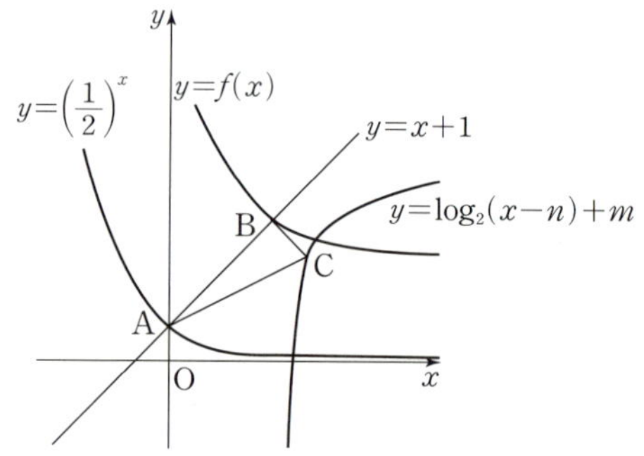

고난도

[24906-0074] ○ △ ✕

4 함수 $y=2^{x-1}+3$의 그래프 위의 두 점 A, B와 함수 $y=-\dfrac{2}{2^x}+3$의 그래프 위의 두 점 C, D가 다음 조건을 만족시킨다.

> (가) 사각형 ABCD는 평행사변형이다.
>
> (나) 삼각형 ABD의 무게중심의 x좌표는 $\dfrac{5}{3}$이고, 삼각형 ABC의 무게중심의 x좌표는 $\dfrac{2}{3}$이다.

두 점 A, B와 선분 BD의 중점을 지나는 원의 중심의 좌표는 $(a,\,b)$이다. 두 상수 a, b에 대하여 $\dfrac{b}{a}$의 값은?

(단, 선분 AC는 평행사변형 ABCD의 대각선이다.)

① 3   ② $\dfrac{7}{2}$ ③ 4

④ $\dfrac{9}{2}$ ⑤ 5

[24906-0075] ○ △ ✕

5 $\dfrac{3}{2}\pi<\theta<2\pi$인 θ에 대하여 $\sin\theta=-\dfrac{\sqrt{7}}{4}$일 때, $\dfrac{2\cos\theta}{1+\cos\theta}$의 값은?

① $\dfrac{4}{7}$ ② $\dfrac{9}{14}$ ③ $\dfrac{5}{7}$

④ $\dfrac{11}{14}$ ⑤ $\dfrac{6}{7}$

[24906-0076] ○ △ ✕

6 $\overline{BC}=6$, $\overline{CA}=4$인 삼각형 ABC에서 $\cos(A+B)=-\dfrac{2\sqrt{2}}{3}$일 때, 삼각형 ABC의 넓이는?

① 2   ② $2\sqrt{2}$ ③ 4

④ $4\sqrt{2}$ ⑤ 8

[24906-0077] ○ △ ✕

7 그림과 같이 사각형 ABCD의 두 대각선이 만나는 점을 E라 하자. $\overline{AB}=6$, $\overline{BC}=4$, $\angle ABE=30°$이고 삼각형 ACD가 정삼각형일 때, 삼각형 AED의 외접원의 지름의 길이는 $\dfrac{q(\sqrt{21}-3)}{p}$이다. $p+q$의 값을 구하시오.

(단, p와 q는 서로소인 자연수이다.)

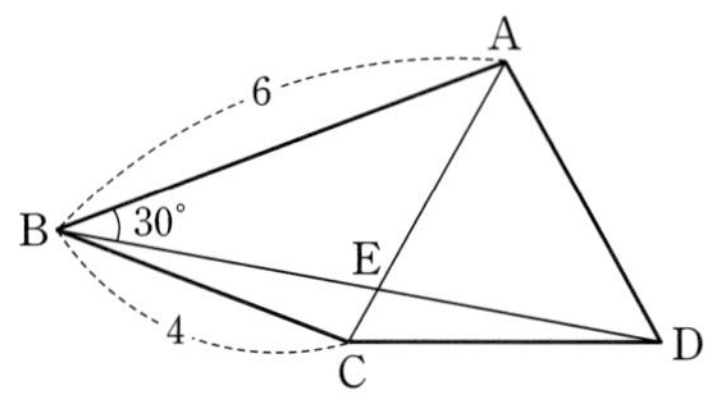

[24906-0078] ○ △ ✕

8 모든 항이 실수인 등비수열 $\{a_n\}$에 대하여

$$a_2 a_4 = 3, \quad a_3 a_5 = a_3 a_6 - 54$$

일 때, $a_1 a_6$의 값은?

① 3   ② $3\sqrt{3}$ ③ 9

④ $9\sqrt{3}$ ⑤ 27

[24906-0079] ○ △ ✕

9 다음은 모든 자연수 n에 대하여 등식

$$\sum_{k=1}^{n} k(2n+1-k) = \frac{n(n+1)(2n+1)}{3} \qquad \cdots\cdots \; (*)$$

이 성립함을 수학적 귀납법을 이용하여 증명한 것이다.

(i) $n=1$일 때, (좌변)$=2$, (우변)$=2$이므로
$(*)$이 성립한다.

(ii) $n=m$일 때, $(*)$이 성립한다고 가정하면

$$\sum_{k=1}^{m} k(2m+1-k) = \frac{m(m+1)(2m+1)}{3}$$

이다. $n=m+1$일 때,

$$\sum_{k=1}^{m+1} k(2m+3-k)$$

$$= \sum_{k=1}^{m} k(2m+3-k) + \boxed{\text{(가)}}$$

$$= \sum_{k=1}^{m} k(2m+1-k) + \boxed{\text{(나)}} + \boxed{\text{(가)}}$$

$$= \frac{m(m+1)(2m+1)}{3} + \boxed{\text{(나)}} + \boxed{\text{(가)}}$$

$$= \frac{(m+1)(m+2)(2m+3)}{3}$$

이다. 따라서 $n=m+1$일 때도 $(*)$이 성립한다.

(i), (ii)에 의하여 모든 자연수 n에 대하여 $(*)$이 성립한다.

위의 (가), (나)에 알맞은 식을 각각 $f(m)$, $g(m)$이라 할 때, $f(4)+g(6)$의 값은?

① 64 ② 68 ③ 72

④ 76 ⑤ 80

고난도

[24906-0080] ○ △ ✕

10 모든 항이 0이 아닌 정수인 수열 $\{a_n\}$이 모든 자연수 n에 대하여

$$a_{n+1} = a_n^2 - 2a_n$$

을 만족시킨다. $a_2 \neq a_3$, $a_4 = a_5$일 때, $\sum_{k=1}^{5} a_k$의 값을 구하시오.

09회 미니모의고사

EBS 수능특강 Q 미니모의고사 **수학 I**

⭕ 알고 맞힘 /10   △ 헷갈림 /10   ✖ 모르고 틀림 /10

[24906-0081] ⭕ △ ✖

1 $\left(3^{\sqrt{3}+1} \times \dfrac{1}{9}\right)^{\sqrt{3}+1}$ 의 값은?

① 1 ② 3 ③ 9

④ 27 ⑤ 81

[24906-0082] ⭕ △ ✖

2 등식 $\dfrac{1}{\log_2 a} + \dfrac{1}{\log_3 a} + \dfrac{\log_{25} a}{\log_5 a} = 1$을 만족시키는 양수 a의 값을 구하시오. (단, $a \neq 1$)

[24906-0083] ⭕ △ ✖

3 2 이상의 서로 다른 두 자연수 a, b에 대하여 직선 $x=1$이 두 함수 $y=a^x$, $y=b^x$의 그래프와 만나는 점을 각각 P, Q, 직선 $x=2$가 두 함수 $y=a^x$, $y=b^x$의 그래프와 만나는 점을 각각 R, S라 할 때, 다음 조건을 만족시킨다.

(가) $\overline{OR} < \overline{OS}$

(나) 네 점 P, Q, R, S를 꼭짓점으로 하는 사각형의 넓이가 7이다.

b의 최댓값은? (단, O는 원점이다.)

① 3 ② 4 ③ 5

④ 6 ⑤ 7

[24906-0084] ○ △ ✕

4 인지심리학에서 앤더슨(Anderson)의 연구에 의하면 반응시간 T(초)와 연습일수 P(일) 사이에는 다음과 같은 관계식이 성립한다고 한다.

$$\log T = K - \frac{1}{4}\log P$$

(단, K는 상수이고, $T>0$, $P>0$이다.)

연습일수가 P_1일 때의 반응시간이 T_1이고, 연습일수가 P_2일 때의 반응시간은 T_2이다. $P_2 = 10P_1$일 때, $\dfrac{T_1}{T_2}$의 값은?

① $10^{\frac{1}{32}}$ ② $10^{\frac{1}{16}}$ ③ $10^{\frac{1}{8}}$

④ $10^{\frac{1}{4}}$ ⑤ $10^{\frac{1}{2}}$

[24906-0085] ○ △ ✕

5 $\sin(\pi-\theta) = \dfrac{1}{3}$ 이고 $\tan\theta < 0$일 때,

$$\left\{ \sin(\pi+\theta) + \cos\left(\frac{\pi}{2}+\theta\right) \right\} \times \tan(\pi-\theta)$$

의 값은?

① $-\dfrac{2}{3}$ ② $-\dfrac{\sqrt{2}}{6}$ ③ $-\dfrac{1}{6}$

④ $\dfrac{1}{6}$ ⑤ $\dfrac{\sqrt{2}}{6}$

[24906-0086] ○ △ ✕

6 $0 < x < 10$일 때, 방정식

$$\sin^2 \frac{\pi x}{5} - \sin \frac{\pi x}{5} - \left(\sin \frac{2}{5}\pi + 1 \right) \sin \frac{2}{5}\pi = 0$$

을 만족시키는 서로 다른 두 실근을 α, β라 하자. $\alpha^2 + \beta^2$의 값을 구하시오.

고난도

[24906-0087] ○ △ ✕

7 그림과 같이 한 평면 위에 길이가 $3\sqrt{2}$인 선분 AB를 공통현으로 갖는 두 원 O, O'이 있다. 두 원 O, O'의 중심을 각각 O, O'이라 하고 $\angle AOB = \alpha$, $\angle AO'B = \beta$라 할 때, $\sin\dfrac{\alpha}{2} = \sqrt{2} \times \sin\dfrac{\beta}{2}$이고 사각형 AOBO'의 둘레의 길이가 $6\sqrt{2}+6$이다. 두 원 O, O'의 공통부분의 넓이는?

(단, 원 O의 중심 O는 원 O'의 외부에 있다.)

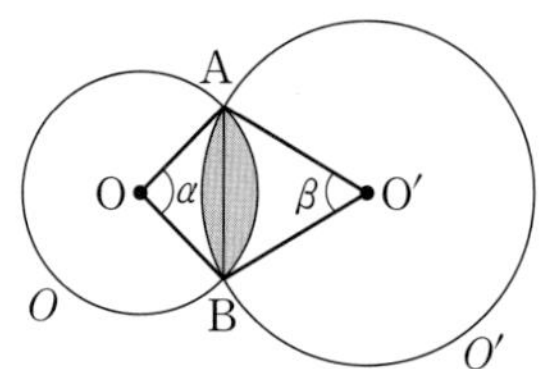

① $\dfrac{13}{4}\pi - 3\sqrt{3} - \dfrac{9}{2}$

② $\dfrac{13}{4}\pi - 3\sqrt{3} - 3$

③ $\dfrac{21}{4}\pi - \dfrac{9\sqrt{3}}{2} - \dfrac{9}{2}$

④ $\dfrac{21}{4}\pi - \dfrac{9\sqrt{3}}{2} - 3$

⑤ $\dfrac{25}{4}\pi - 3\sqrt{3} - \dfrac{9}{2}$

[24906-0088] ○ △ ✕

8 $m>2$, $n>0$인 두 상수 m, n에 대하여 그림과 같이 세 함수 $y=\sqrt{x}$, $y=\sqrt{2x}$, $y=\sqrt{mx}$의 그래프와 직선 $x=n$이 만나는 점을 각각 P, Q, R라 하자. 점 $A(n, 0)$에 대하여 $\overline{PA}$, $\overline{QA}$, $\overline{RA}$가 이 순서대로 등비수열을 이루고, $\overline{OP}^2$, $\overline{OQ}^2+4$, $\overline{OR}^2+5$가 이 순서대로 등차수열을 이룰 때, $m+n$의 값은?

(단, O는 원점이다.)

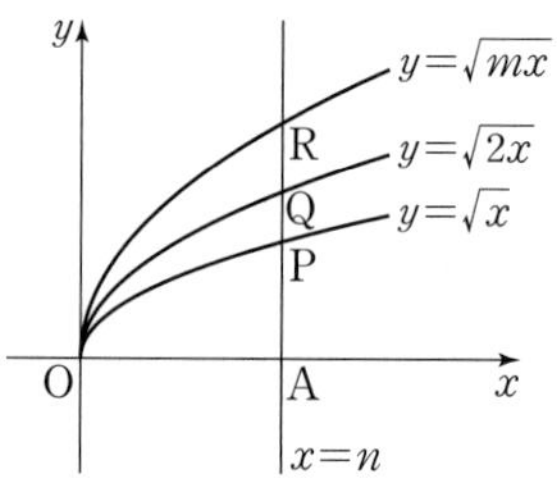

① 5 ② 6 ③ 7

④ 8 ⑤ 9

[24906-0089] ○ △ ✕

9 그림과 같이 한 변의 길이가 6인 정삼각형 ABC의 꼭짓점 A를 중심으로 하고 변 BC에 접하는 원이 두 변 AB, AC와 만나는 점을 각각 B_1, C_1이라 하고 변 BC에 접하는 호 B_1C_1과 선분 B_1C_1을 그린다. 삼각형 AB_1C_1의 꼭짓점 A를 중심으로 하고 변 B_1C_1에 접하는 원이 두 변 AB_1, AC_1과 만나는 점을 각각 B_2, C_2라 하고 변 B_1C_1에 접하는 호 B_2C_2와 선분 B_2C_2를 그린다. 이와 같은 방법으로 자연수 n에 대하여 호 B_nC_n을 그릴 때, 호 B_nC_n의 길이를 a_n이라 하자. a_5의 값은?

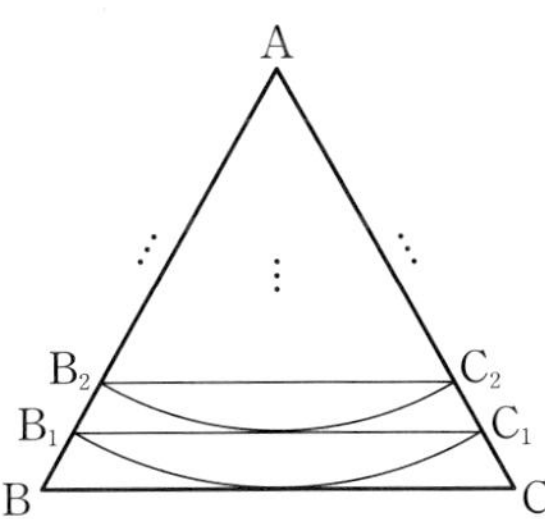

① $\dfrac{9\sqrt{6}}{64}\pi$　　② $\dfrac{9\sqrt{3}}{32}\pi$　　③ $\dfrac{9\sqrt{6}}{32}\pi$

④ $\dfrac{9\sqrt{3}}{16}\pi$　　⑤ $\dfrac{9\sqrt{6}}{16}\pi$

[24906-0090] ○ △ ✕

고난도

10 수열 $\{a_n\}$이 모든 자연수 n에 대하여

$$\sum_{k=1}^{n} \frac{a_k a_{k+1}}{2k+1} = 4n^2 + 16n$$

을 만족시킬 때, $\dfrac{a_9 - a_7}{a_9 + a_7} = \dfrac{q}{p}$이다. $p+q$의 값을 구하시오.

（단, p와 q는 서로소인 자연수이다.）

10회 미니모의고사

EBS 수능특강 **Q** 미니모의고사 **수학 I**

○ 알고 맞힘 /10   △ 헷갈림 /10   ✕ 모르고 틀림 /10

[24906-0091] ○ △ ✕

1 $\log_3 6 \times \log_4 81 - \dfrac{1}{\log_3 2} = k$일 때, 2^k의 값은?

(단, k는 상수이다.)

① 12   ② 14   ③ 16

④ 18   ⑤ 20

[24906-0092] ○ △ ✕

2 함수 $y=2^x$의 그래프를 x축의 방향으로 1만큼, y축의 방향으로 2만큼 평행이동한 그래프가 점 $(2,\,a)$를 지날 때, 상수 a의 값은?

① 1   ② 2   ③ 3

④ 4   ⑤ 5

[24906-0093] ○ △ ✕

3 함수

$$f(x)=\begin{cases} -x+2 & (x\le 2) \\ x-2 & (2<x\le 8) \\ -x+14 & (x>8) \end{cases}$$

에 대하여 부등식

$$\log_{\frac12}\left[\{f(x)-2\}\{f(x)-6\}\right]\ge -5$$

를 만족시키는 모든 정수 x의 개수는?

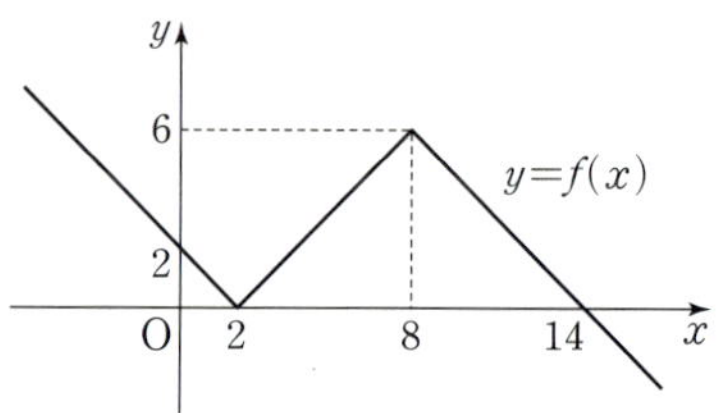

① 8   ② 9   ③ 10

④ 11   ⑤ 12

[24906-0094] ○ △ ✕

4 양수 k에 대하여 세 함수 $f(x)=\log_{\frac{1}{2}}(x+2)$, $g(x)=\log_4(x+2)$, $h(x)=\log_2(x-k)$가 있다. 두 함수 $y=f(x)$, $y=g(x)$의 그래프의 교점을 A, 두 함수 $y=f(x)$, $y=h(x)$의 그래프의 교점을 B, 두 함수 $y=g(x)$, $y=h(x)$의 그래프의 교점을 C라 하고, 함수 $y=h(x)$의 그래프의 점근선이 두 함수 $y=f(x)$, $y=g(x)$의 그래프와 만나는 점을 각각 D, E라 하자. $\overline{DE}=\frac{3}{2}\log_2\frac{15}{4}$일 때, 삼각형 ABC의 무게중심의 x좌표는 $\frac{q}{p}$이다. $p+q$의 값을 구하시오.

(단, p와 q는 서로소인 자연수이다.)

[24906-0095] ○ △ ✕

5 $\cos\theta=\frac{\sqrt{11}}{6}$이고 $\cos\left(\frac{\pi}{2}-\theta\right)<0$일 때, $\tan(5\pi-\theta)$의 값은?

① $-\frac{3\sqrt{11}}{11}$ ② $-\frac{\sqrt{11}}{11}$ ③ $\frac{\sqrt{11}}{11}$

④ $\frac{3\sqrt{11}}{11}$ ⑤ $\frac{5\sqrt{11}}{11}$

[24906-0096] ○ △ ✕

6 두 함수 $f(x)=\log_2 x+1$, $g(x)=3\sin\left(x+\frac{\pi}{6}\right)+1$에 대하여 $\frac{\pi}{3}\leq x\leq\frac{5}{6}\pi$에서 합성함수 $(f\circ g)(x)$의 최댓값과 최솟값의 합은?

① 2   ② 3   ③ 4

④ 5   ⑤ 6

7 [24906-0097] ○ △ ✕

그림과 같이 원에 내접하는 사각형 ABCD에서 $\overline{AB}=4$, $\overline{BC}=6$이고 $\sin(\angle ADC)=\dfrac{4\sqrt{5}}{9}$일 때, 선분 AC의 길이를 k라 하자. $3k^2$의 값을 구하시오.

(단, $\angle ABC$의 크기는 $90°$보다 크다.)

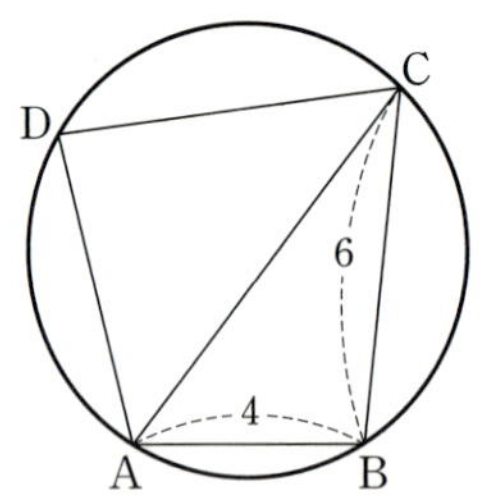

8 [24906-0098] ○ △ ✕

모든 항이 양수인 등비수열 $\{a_n\}$에 대하여

$$a_1=20,\quad \frac{a_3+a_2}{a_5+a_4}=16$$

일 때, a_2의 값은?

① 1　　　② 2　　　③ 3

④ 4　　　⑤ 5

[24906-0099] ○ △ ✕

9 수열 $\{a_n\}$의 일반항이

$$a_n = \frac{n}{2n-1}$$

이고, $\displaystyle\sum_{k=1}^{6} k^2 (a_k - a_{k+1}) = p a_7$일 때, 상수 p의 값은?

① $\dfrac{5}{2}$ ② 3 ③ $\dfrac{7}{2}$

④ 4 ⑤ $\dfrac{9}{2}$

고난도 [24906-0100] ○ △ ✕

10 자연수 n에 대하여 좌표평면 위의 점 A_n을 다음 규칙에 따라 정한다.

> (가) 점 A_1의 좌표는 $(12, 6)$이다.
>
> (나) 점 A_n이 직선 $y = \dfrac{x}{2}$ 위의 점일 때, 점 A_n을 지나고 x축에 평행한 직선이 곡선 $y = \dfrac{1}{x}$과 만나는 점을 B_n이라 한다.
>
> (다) 점 B_n을 지나고 y축에 평행한 직선이 직선 $y = \dfrac{x}{2}$와 만나는 점을 A_{n+1}이라 한다.

점 A_n의 x좌표와 y좌표의 합을 a_n이라 하자. $a_7 + a_8 = \dfrac{q}{p}$일 때, $p + q$의 값을 구하시오. (단, p와 q는 서로소인 자연수이다.)

11_회 미니모의고사

EBS 수능특강 **Q** 미니모의고사 **수학 I**

○ 알고 맞힘 ___ /10 **△** 헷갈림 ___ /10 **✕** 모르고 틀림 ___ /10

[24906-0101] ○ △ ✕

1 $\sqrt[3]{-\dfrac{1}{8}} \times \sqrt[3]{(-2)^6}$ 의 값은?

① -4 ② -2 ③ 2

④ 4 ⑤ 8

[24906-0102] ○ △ ✕

2 세 양수 a, b, c $(a \neq 1)$이

$$\log_a bc = 3, \ \log_a b - \log_a c = 1, \ \log_a \frac{b+c}{3} = 1$$

을 만족시킬 때, $a+b+c$의 값을 구하시오.

[24906-0103] ○ △ ✕

3 두 함수

$$f(x) = x^2 - 2x + 3, \ g(x) = 2^x$$

에 대하여 함수 $y = (g \circ f)(x)$의 최솟값은?

① 4 ② 5 ③ 6

④ 7 ⑤ 8

`고난도` [24906-0104] ○ △ ✕

4 두 함수 $f(x)=3^{x-2}+4$, $g(x)=-3^{-x+2}+4$가 있다. 상수 k에 대하여 직선 $x=k$가 두 함수 $y=f(x)$, $y=g(x)$의 그래프와 만나는 점을 각각 P, Q라 하고, 선분 PQ의 길이가 최소일 때 두 점 P, Q의 위치를 각각 A, B라 하자. 두 점 A와 B, 함수 $y=f(x)$의 그래프 위의 점 C, 함수 $y=g(x)$의 그래프 위의 점 D가 다음 조건을 만족시킨다.

> (가) 선분 AB의 중점과 선분 CD의 중점은 일치한다.
>
> (나) 직선 CD의 기울기는 직선 AC의 기울기의 $\dfrac{3}{2}$배이다.

사각형 ADBC의 넓이는?

(단, 점 C의 x좌표는 점 A의 x좌표보다 크다.)

① $\dfrac{3}{2}$　　　　② 2　　　　③ $\dfrac{5}{2}$

④ 3　　　　⑤ $\dfrac{7}{2}$

[24906-0105] ○ △ ✕

5 $\sin^2\dfrac{\pi}{5}+\sin^2\dfrac{2}{5}\pi+\sin^2\left(\dfrac{\pi}{2}+\dfrac{7}{5}\pi\right)+\sin^2\left(\dfrac{\pi}{2}+\dfrac{6}{5}\pi\right)$

의 값은?

① $\dfrac{1}{4}$　　　　② $\dfrac{1}{2}$　　　　③ 1

④ 2　　　　⑤ 4

[24906-0106] ○ △ ✕

6 모든 실수 θ에 대하여 부등식 $\cos^2\theta+4\sin\theta\leq 2(a-2)$가 항상 성립하도록 하는 실수 a의 최솟값은?

① 2　　　　② $\dfrac{5}{2}$　　　　③ 3

④ $\dfrac{7}{2}$　　　　⑤ 4

고난도   [24906-0107]   ○ △ ×

7 그림과 같이 $\overline{AB}=2$, $\overline{AC}=3$인 삼각형 ABC의 외접원을 O, 내접원을 O'이라 하자. $\cos(\angle BAC)=-\dfrac{1}{4}$일 때, 외접원 O의 내부와 내접원 O'의 외부의 공통부분의 넓이가 $\dfrac{q}{p}\pi$이다. $p+q$의 값을 구하시오.

(단, p와 q는 서로소인 자연수이다.)

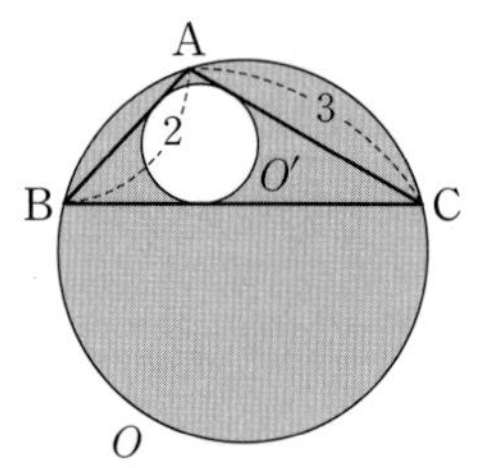

[24906-0108]   ○ △ ×

8 공차가 d인 등차수열 $\{a_n\}$에 대하여
$$a_2=3, \quad a_7-a_5=3-d$$
일 때, a_4의 값은?

① 5   ② 6   ③ 7

④ 8   ⑤ 9

9 첫째항이 1인 수열 $\{a_n\}$에 대하여 $S_n=\sum_{k=1}^{n} a_k$라 할 때,

$$a_n=\frac{3S_n^{\,2}}{3S_n+1}\ (n\geq 2)$$

가 성립한다. 다음은 수열 $\{a_n\}$의 일반항을 구하는 과정이다.

(단, $3S_n+1\neq 0$, $S_n\neq 0$)

> 2 이상의 자연수 n에 대하여
>
> $$a_n=S_n-S_{n-1} \quad\cdots\cdots\ \bigcirc$$
>
> 이므로 $S_n-S_{n-1}=\dfrac{3S_n^{\,2}}{3S_n+1}$, 즉
>
> $$(S_n-S_{n-1})(3S_n+1)=3S_n^{\,2}$$
>
> $$(1-3S_{n-1})S_n=S_{n-1}$$
>
> 이므로 $\dfrac{1}{S_n}=\dfrac{1}{S_{n-1}}+\boxed{\ \text{(가)}\ }$, $\dfrac{1}{S_1}=\dfrac{1}{a_1}=1$이다.
>
> 이때 수열 $\left\{\dfrac{1}{S_n}\right\}$은 첫째항이 1, 공차가 $\boxed{\ \text{(가)}\ }$인 등차수열
>
> 이다.
>
> 그러므로 $S_n=\boxed{\ \text{(나)}\ }$
>
> $\bigcirc$에서 $a_n=\boxed{\ \text{(다)}\ }\ (n\geq 2)$
>
> 따라서 $a_n=\begin{cases} 1 & (n=1) \\ \boxed{\ \text{(다)}\ } & (n\geq 2) \end{cases}$

위의 (가)에 알맞은 수를 k, (나), (다)에 알맞은 식을 각각 $f(n)$, $g(n)$이라 할 때, $kf(3)g(3)$의 값은?

① $\dfrac{4}{25}$　　　② $\dfrac{17}{100}$　　　③ $\dfrac{9}{50}$

④ $\dfrac{19}{100}$　　　⑤ $\dfrac{1}{5}$

[24906-0109] ○ △ ✕

[24906-0110] ○ △ ✕

고난도

10 첫째항이 정수이고 모든 항이 서로 다른 등비수열 $\{a_n\}$에 대하여 두 집합 A, B는 다음과 같다.

$A=\{a_k^{\,2}\,|\,a_k$는 수열 $\{a_n\}$의 항, k는 $1\leq k\leq 10$인 자연수$\}$,

$B=\{(-1)^k a_k\,|\,a_k$는 수열 $\{a_n\}$의 항, k는 $1\leq k\leq 10$인 자연수$\}$

집합 A의 원소를 큰 수부터 차례로 α_1, α_2, α_3, $\cdots$, α_{10}이라 하고, 집합 B의 원소를 큰 수부터 차례로 β_1, β_2, β_3, $\cdots$, β_{10}이라 하자. $\dfrac{\alpha_1}{\alpha_2}=\left(\dfrac{\beta_1}{\beta_2}\right)^2$, $\beta_2=8$, $\dfrac{\alpha_1-\alpha_2}{\beta_1+\beta_2}=4$일 때, $\alpha_1\times\beta_3$의 값을 구하시오.

12회 미니모의고사

EBS 수능특강 Q 미니모의고사 **수학 I**

○ 알고 맞힘 　/10　　△ 헷갈림 　/10　　✕ 모르고 틀림 　/10

[24906-0111] ○ △ ✕

1 $\log_4 \dfrac{1}{3} \times \log_{\sqrt{3}} 8$의 값은?

① -3　　　　② $-\dfrac{3}{2}$　　　　③ 0

④ $\dfrac{3}{2}$　　　　⑤ 3

[24906-0112] ○ △ ✕

2 두 실수 a, b에 대하여

$$2^{a+\frac{b}{2}} = \frac{1}{3}, \quad 2^{a-\frac{b}{2}} = 27$$

일 때, $\sqrt{2^{3a}} \times \sqrt[3]{2^b}$의 값은?

① $3^{\frac{1}{6}}$　　　　② $3^{\frac{1}{5}}$　　　　③ $3^{\frac{1}{4}}$

④ $3^{\frac{1}{3}}$　　　　⑤ $3^{\frac{1}{2}}$

[24906-0113] ○ △ ✕

3 x에 대한 부등식

$$x^2 - x \log_2 4n + \log_2 n^2 \leq 0$$

을 만족시키는 정수 x의 개수가 4가 되도록 하는 자연수 n의 개수는?

① 16　　　　② 24　　　　③ 32

④ 40　　　　⑤ 48

[24906-0114] ○ △ ✕

4 그림과 같이 곡선 $y=\log_a x\,(a>1)$ 위에 서로 다른 세 점 $A(1,\,0)$, $B(x_1,\,y_1)$, $C(x_2,\,y_2)$가 있다. $x_1<1<x_2$를 만족시키는 세 수 x_1, 1, x_2는 이 순서대로 등비수열을 이룬다. 직선 BC의 x절편이 3이고 삼각형 ABC의 넓이가 4일 때, $a^2+\dfrac{1}{a^2}$의 값을 구하시오.

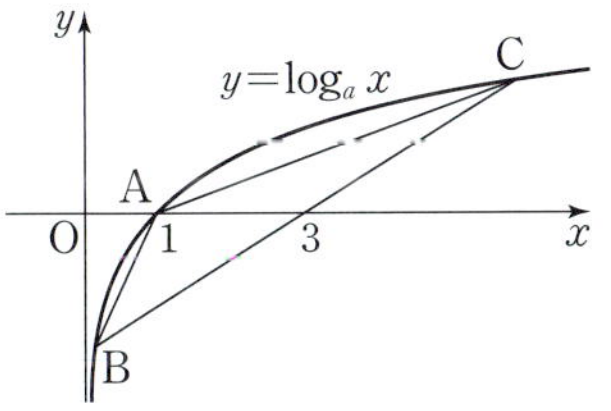

[24906-0115] ○ △ ✕

5 $\dfrac{\pi}{2}<\theta<\pi$인 θ에 대하여 $\cos\theta=-\dfrac{1}{3}$일 때,

$\sin(\pi+\theta)\cos\left(\dfrac{\pi}{2}+\theta\right)+\sin\left(\dfrac{\pi}{2}-\theta\right)\cos(\pi-\theta)$의 값은?

① $\dfrac{5}{9}$ ② $\dfrac{2}{3}$ ③ $\dfrac{7}{9}$

④ $\dfrac{8}{9}$ ⑤ 1

[24906-0116] ○ △ ✕

6 반지름의 길이가 $5\sqrt{5}$인 원에 내접하는 삼각형 ABC가 있다. $\overline{AB}:\overline{BC}:\overline{CA}=5\sqrt{2}:2\sqrt{5}:3\sqrt{2}$일 때, 삼각형 ABC의 넓이를 구하시오.

[24906-0117] ○ △ ✕

7 $0 \le x < 2\pi$에서 함수 $y = -\cos^2 x - 2a \sin x + a + 4$의 최솟값을 $f(a)$라 하자. 방정식 $3f(a) - a + 4 = 0$을 만족시키는 모든 실수 a의 값의 합은?

① -2 ② -1 ③ 0

④ 1 ⑤ 2

[24906-0118] ○ △ ✕

8 등차수열 $\{a_n\}$에 대하여

$$a_3 = 5, \quad a_7 + a_8 = 37$$

일 때, $a_n < 30$을 만족시키는 모든 자연수 n의 개수를 구하시오.

[24906-0119] ◯ △ ✕

9 모든 자연수 n에 대하여 다음 조건을 만족시키는 x축 위의 점 P_n과 제1사분면 위의 점 Q_n이 있다.

- 점 P_n을 중심으로 하고 반지름의 길이가 $\overline{OP_n}$인 원은 곡선 $y=\sqrt{x}\ (x>0)$과 점 Q_n에서 만난다.
- 점 Q_n을 중심으로 하고 반지름의 길이가 $\overline{P_nQ_n}$인 원은 x축과 서로 다른 두 점 P_n, P_{n+1}에서 만난다.

다음은 점 P_1의 좌표가 $(3, 0)$일 때, 두 점 $A(1, 0)$, $B(0, 2)$에 대하여 삼각형 ABP_n의 넓이 S_n을 구하는 과정이다.

(단, O는 원점이다.)

모든 자연수 n에 대하여 두 점 P_n, Q_n의 x좌표를 각각 a_n, b_n이라 하자.

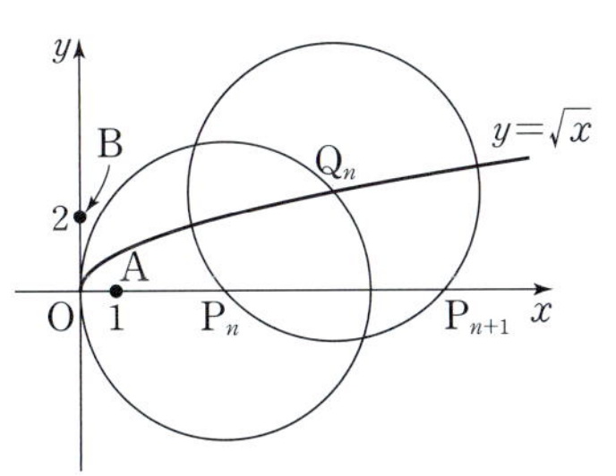

두 점 O, Q_n은 점 P_n을 중심으로 하는 원 위에 있으므로

$\overline{OP_n}=\overline{P_nQ_n}$에서

$$b_n=\boxed{\ \text{(가)}\ }\times a_n-1$$

이다. 두 점 P_n, P_{n+1}은 점 Q_n을 중심으로 하는 원 위에 있으므로

$$a_{n+1}=\boxed{\ \text{(나)}\ }\times a_n-2$$

이다. 삼각형 ABP_n의 넓이 S_n에 대하여 $\dfrac{S_{n+1}}{S_n}$은 일정하므로

$$S_n=\boxed{\ \text{(다)}\ }$$

이다.

위의 (가), (나)에 알맞은 수를 각각 p, q라 하고, (다)에 알맞은 식을 $f(n)$이라 할 때, $p+q+f(6)$의 값은?

① 487　　　　② 489　　　　③ 491

④ 493　　　　⑤ 495

[24906-0120] ◯ △ ✕

10 수열 $\{a_n\}$이 모든 자연수 n에 대하여 $\sum_{k=1}^{n} ka_k=n^2+\dfrac{2}{3}n$을 만족시킨다. $|a_n-2|<\dfrac{1}{100}$을 만족시키는 자연수 n의 최솟값은?

① 32　　　　② 34　　　　③ 36

④ 38　　　　⑤ 40

13 _회 미니모의고사

EBS 수능특강 Q 미니모의고사 **수학 I**

○ 알고 맞힘 /10   △ 헷갈림 /10   ✕ 모르고 틀림 /10

[24906-0121] ○ △ ✕

1 $(2\sqrt{2})^{\frac{3}{2}} \times (\sqrt{2})^{-\frac{1}{2}}$의 값은?

① 1　　　　② $\sqrt{2}$　　　　③ 2

④ $2\sqrt{2}$　　　⑤ 4

[24906-0122] ○ △ ✕

2 양수 $N = a \times 10^n$ $(1 \leq a < 10,\ n$은 정수$)$에 대하여
$\log \sqrt[5]{N^3} = 1.5612$일 때, $a+n$의 값을 구하시오.

(단, $\log 2 = 0.3010$으로 계산한다.)

[24906-0123] ○ △ ✕

3 지수함수 $f(x) = a^x$ $(a>0,\ a \neq 1)$이 $3f(2) = 7a - 2$를 만족시킨다. 어떤 양수 b에 대하여 $f(b) > 1$일 때, $f(1) + f(-1)$의 값은? (단, a는 상수이다.)

① $\dfrac{13}{6}$　　　　② $\dfrac{7}{3}$　　　　③ $\dfrac{5}{2}$

④ $\dfrac{8}{3}$　　　　⑤ $\dfrac{17}{6}$

4 [24906-0124] ○ △ ×

$\log 2 \times \log 5 = a$일 때,
$$(\log 25)^4 - (\log 4)^4 = p(1-2a)\sqrt{1-qa}$$
이다. 두 자연수 p, q의 합 $p+q$의 값은? (단, $0<qa<1$)

① 16   ② 18   ③ 20
④ 22   ⑤ 24

5 [24906-0125] ○ △ ×

그림과 같이 부채꼴 OAB의 호 AB 위의 점 P에 대하여 $\angle ABP = \dfrac{\pi}{12}$, $\angle BAP = \dfrac{\pi}{8}$이다. 부채꼴 OAB의 넓이가 30π일 때, 호 AB의 길이는?

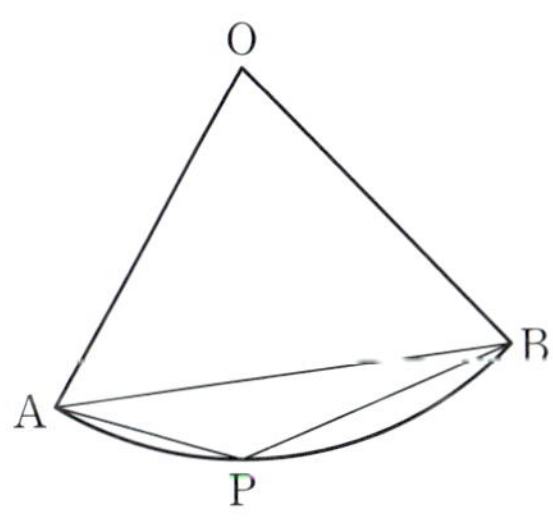

① 4π ② 5π ③ 6π
④ 7π ⑤ 8π

6 [24906-0126] ○ △ ×

삼각형 ABC가 반지름의 길이가 1인 원에 내접하고 $\sin A + \sin B + \sin C = 2$일 때, 삼각형 ABC의 둘레의 길이는?

① 1   ② 2   ③ 3
④ 4   ⑤ 5

[24906-0127] ○ △ ✕

7 그림과 같이 반지름의 길이가 $\sqrt{3}$인 원에 내접하는 정삼각형 ABC가 있다. $\angle$BAC를 삼등분하는 직선 중 하나가 점 A를 포함하지 않는 호 BC와 만나는 점을 P라 할 때, $\overline{PA}^2 + \overline{PB}^2 + \overline{PC}^2$의 값은?

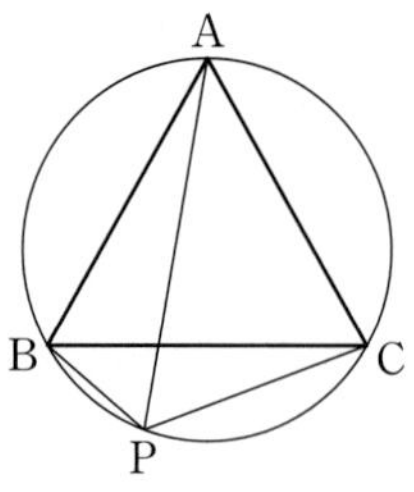

① 16 ② 17 ③ 18

④ 19 ⑤ 20

[24906-0128] ○ △ ✕

8 첫째항이 0이 아닌 등비수열 $\{a_n\}$에 대하여
$$a_2 = 2a_1, \quad a_3 \times a_4 = a_6 + a_7$$
일 때, a_5의 값을 구하시오.

[24906-0129] ○ △ ✕

9 두 수열 $\{a_n\}$, $\{b_n\}$에 대하여

$$\sum_{k=1}^{10}(a_k-b_k)=4,\ \sum_{k=1}^{9}a_k=\sum_{k=1}^{9}(b_k+1)$$

일 때, $a_{10}-b_{10}$의 값은?

① -5 ② -3 ③ 0

④ 3 ⑤ 5

고난도 [24906-0130] ○ △ ✕

10 첫째항이 3 이상의 자연수인 수열 $\{a_n\}$이 모든 자연수 n에 대하여

$$a_{n+1}=\begin{cases} a_n-1\ (a_n\text{이 홀수인 경우}) \\ a_n+3\ (a_n\text{이 짝수인 경우}) \end{cases}$$

를 만족시킨다. $a_{10}=12$일 때, a_1+a_2의 값을 구하시오.

14_회 미니모의고사

EBS 수능특강 **Q** 미니모의고사 **수학 I**

O 알고 맞힘 　　　/10　　**△** 헷갈림 　　　/10　　**✗** 모르고 틀림 　　　/10

[24906-0131]　O △ ✗

1　$\log_3 54 - \log_3 \dfrac{2}{3}$의 값은?

① 1　　　　　② 2　　　　　③ 3

④ 4　　　　　⑤ 5

[24906-0132]　O △ ✗

2　방정식 $2 \times 9^x + 63 = (3^x + 6)^2$을 만족시키는 모든 실수 x의 값의 합은?

① 1　　　　　② 2　　　　　③ 3

④ 4　　　　　⑤ 5

[24906-0133]　O △ ✗

3　1이 아닌 양수 a에 대하여 정의역이 $\{x \mid 3 \leq x \leq 4\}$인 함수 $y = -a^{x-1} + 2$가 $x = 3$에서 최댓값 $\dfrac{7}{2}(1-a)$를 가질 때, 최솟값은 m이다. $a + m$의 값은?

① -21　　　　② -22　　　　③ -23

④ -24　　　　⑤ -25

[24906-0134] ○ △ ✕

4 이차함수 $f(x)$에 대하여 함수 $g(x)=|f(x)|-3$의 그래프가 그림과 같다.

정수 k에 대하여 집합 A_k를

$$A_k=\{x \mid \log_2 \{g(x)+2\} \leq \log_2 11,\ g(x)=k,\ x>0\}$$

이라 할 때, $n(A_k)=2$를 만족시키는 모든 k의 값의 합을 구하시오.

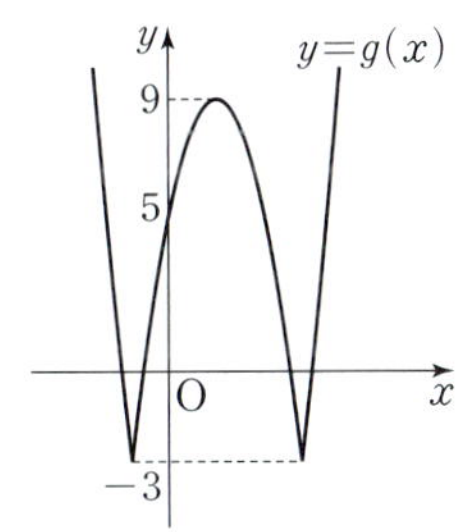

[24906-0135] ○ △ ✕

5 중심이 원점 O이고 반지름의 길이가 r인 원 위의 한 점 $P(a,\ 4)$에 대하여 동경 OP가 나타내는 각의 크기를 θ라 하자. $\sin \theta=\dfrac{1}{3}$일 때, $r\cos^2\theta$의 값은?

① $\dfrac{28}{3}$ ② $\dfrac{29}{3}$ ③ 10

④ $\dfrac{31}{3}$ ⑤ $\dfrac{32}{3}$

[24906-0136] ○ △ ✕

6 그림과 같이 한 변의 길이가 12인 정삼각형 ABC 위에 세 꼭짓점을 각각 중심으로 하는 세 부채꼴 APQ, BPR, CQS가 있다. 세 호 PQ, PR, QS의 길이의 합이 $\dfrac{17}{3}\pi$일 때, 선분 AP의 길이는?

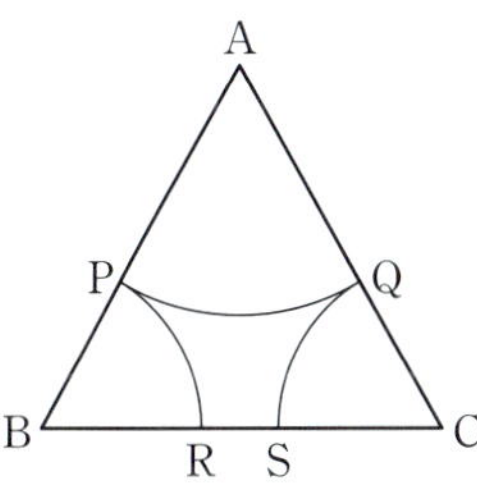

① $\dfrac{13}{2}$ ② 7 ③ $\dfrac{15}{2}$

④ 8 ⑤ $\dfrac{17}{2}$

[24906-0137] ◯ △ ✕

7 그림과 같이 $\overline{AB}=13$, $\overline{BC}=5$, $\overline{CA}=12$인 직각삼각형 ABC가 있다. 변 AB 위의 한 점 D와 변 AC 위의 한 점 E에 대하여 선분 DE가 삼각형 ABC의 넓이를 이등분할 때, 선분 DE의 길이의 최솟값을 m이라 하자. m^2의 값을 구하시오.

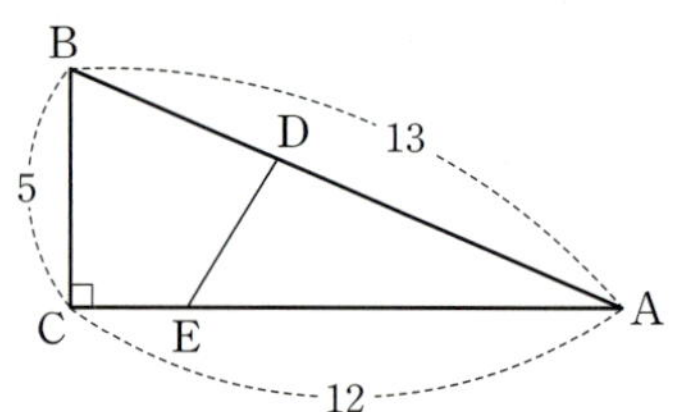

[24906-0138] ◯ △ ✕

8 등비수열 $\{a_n\}$이

$$a_1+a_2+a_3=14,\ a_2+a_3+a_4=-42$$

를 만족시킬 때, a_1의 값은?

① $\dfrac{1}{2}$ ② 1 ③ $\dfrac{3}{2}$

④ 2 ⑤ $\dfrac{5}{2}$

[24906-0139]   ○ △ ✕

9 $\displaystyle\sum_{k=1}^{9}\dfrac{1}{\sqrt{5k+4}+\sqrt{5k-1}}$ 의 값은?

① $\dfrac{4}{5}$ ② 1 ③ $\dfrac{6}{5}$

④ $\dfrac{7}{5}$ ⑤ $\dfrac{8}{5}$

고난도 [24906-0140]   ○ △ ✕

10 자연수 n에 대하여 두 수열 $\{a_n\}$, $\{b_n\}$을 다음과 같이 정의하자.

그림과 같이 직선 $y=a_1\,(a_1>1)$이 곡선 $y=(\sqrt{2}\,)^x$과 만나는 점의 x좌표를 b_1, 곡선 $y=2^x$과 만나는 점의 x좌표를 b_2라 하고 곡선 $y=(\sqrt{2}\,)^x$ 위의 점 중 x좌표가 b_2인 점의 y좌표를 a_2라 하자. 또 직선 $y=a_2$가 곡선 $y=2^x$과 만나는 점의 x좌표를 b_3이라 하고 곡선 $y=(\sqrt{2}\,)^x$ 위의 점 중 x좌표가 b_3인 점의 y좌표를 a_3이라 하자. 이와 같이 직선 $y=a_n$이 곡선 $y=(\sqrt{2}\,)^x$과 만나는 점의 x좌표를 b_n, 곡선 $y=2^x$과 만나는 점의 x좌표를 b_{n+1}이라 하고 곡선 $y=(\sqrt{2}\,)^x$ 위의 점 중 x좌표가 b_{n+1}인 점의 y좌표를 a_{n+1}이라 하자.

$a_1=4$일 때, $\displaystyle\sum_{n=1}^{5}\log_2\dfrac{a_n}{b_n}=\dfrac{q}{p}$이다. $p+q$의 값을 구하시오.

(단, p와 q는 서로소인 두 자연수이다.)

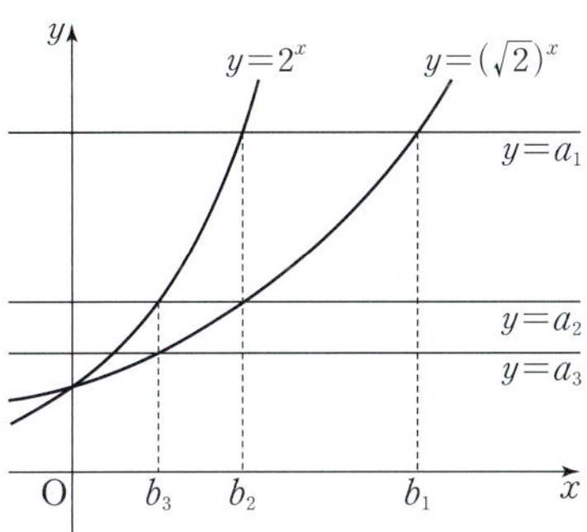

수학영역 | 수학 I

정답과 풀이

한눈에 보는 정답

01회 미니모의고사
본문 4~7쪽

1 ③ 2 ③ 3 30 4 ③ 5 ⑤ 6 ① 7 ②
8 15 9 ⑤ 10 ①

02회 미니모의고사
본문 8~11쪽

1 ① 2 ② 3 ④ 4 ④ 5 ② 6 ④ 7 3
8 ④ 9 ② 10 101

03회 미니모의고사
본문 12~15쪽

1 ③ 2 ③ 3 ⑤ 4 18 5 ① 6 ② 7 ①
8 ② 9 ⑤ 10 17

04회 미니모의고사
본문 16~19쪽

1 ① 2 11 3 ③ 4 ③ 5 ④ 6 ② 7 7
8 ③ 9 3 10 ④

05회 미니모의고사
본문 20~23쪽

1 ② 2 25 3 ③ 4 ② 5 ④ 6 ④ 7 87
8 ② 9 56 10 ②

06회 미니모의고사
본문 24~27쪽

1 ② 2 ④ 3 ① 4 ① 5 ① 6 185 7 ⑤
8 ④ 9 35 10 ⑤

07회 미니모의고사
본문 28~31쪽

1 ② 2 ② 3 ① 4 3 5 150 6 ④ 7 ②
8 ⑤ 9 ① 10 20

08회 미니모의고사
본문 32~35쪽

1 ① 2 ② 3 22 4 ② 5 ⑤ 6 ③ 7 11
8 ③ 9 ③ 10 9

09회 미니모의고사
본문 36~39쪽

1 ③ 2 36 3 ⑤ 4 ④ 5 ② 6 113 7 ③
8 ③ 9 ④ 10 19

10회 미니모의고사
본문 40~43쪽

1 ① 2 ④ 3 ④ 4 11 5 ⑤ 6 ③ 7 172
8 ⑤ 9 ② 10 77

11회 미니모의고사
본문 44~47쪽

1 ② 2 8 3 ① 4 ② 5 ④ 6 ⑤ 7 97
8 ① 9 ③ 10 768

12회 미니모의고사
본문 48~51쪽

1 ① 2 ① 3 ③ 4 6 5 ③ 6 81 7 ⑤
8 11 9 ③ 10 ②

13회 미니모의고사
본문 52~55쪽

1 ⑤ 2 6 3 ③ 4 ③ 5 ② 6 ④ 7 ③
8 48 9 ① 10 9

14회 미니모의고사
본문 56~59쪽

1 ④ 2 ③ 3 ② 4 23 5 ⑤ 6 ② 7 12
8 ④ 9 ② 10 39

01_회 미니모의고사

본문 4~7쪽

1 ③	**2** ③	**3** 30	**4** ③
5 ⑤	**6** ①	**7** ②	**8** 15
9 ⑤	**10** ①		

1

$$\left(\frac{2^{\sqrt{3}}}{2}\right)^{\sqrt{3}} \times \frac{2^{\sqrt{3}}}{2} = \left(\frac{2^{\sqrt{3}}}{2}\right)^{\sqrt{3}+1}$$
$$= (2^{\sqrt{3}-1})^{\sqrt{3}+1}$$
$$= 2^{(\sqrt{3}-1)(\sqrt{3}+1)}$$
$$= 2^2$$
$$= 4$$

다른 풀이

$$\left(\frac{2^{\sqrt{3}}}{2}\right)^{\sqrt{3}} \times \frac{2^{\sqrt{3}}}{2} = \frac{2^3}{2^{\sqrt{3}}} \times \frac{2^{\sqrt{3}}}{2}$$
$$= \frac{2^3}{2}$$
$$= 2^2$$
$$= 4$$

2

조건 (가)에서 $\sqrt{a} = \sqrt[3]{b} = \sqrt[5]{c} = k$라 하면 $a = k^2$, $b = k^3$, $c = k^5$이다.

이를 조건 (나)에 대입하면

$$\log_2 \frac{bc}{a} = \log_2 \left(\frac{k^3 \times k^5}{k^2}\right)$$
$$= \log_2 k^6$$
$$= 6\log_2 k = 3$$

에서

$$\log_2 k = \frac{1}{2}$$

$$\log_2 a \times \log_m b \times \log_n c$$

$$= \log_2 a \times \frac{\log_2 b}{\log_2 m} \times \frac{\log_2 c}{\log_2 n}$$

$$= \log_2 k^2 \times \frac{\log_2 k^3}{\log_2 m} \times \frac{\log_2 k^5}{\log_2 n}$$

$$= 2 \times 3 \times 5 \times (\log_2 k)^3 \times \frac{1}{\log_2 m} \times \frac{1}{\log_2 n}$$

$$= 2 \times 3 \times 5 \times \left(\frac{1}{2}\right)^3 \times \frac{1}{\log_2 m} \times \frac{1}{\log_2 n}$$

$$= 1$$

에서 $\log_2 m \times \log_2 n = \frac{15}{4}$

$m > 1$, $n > 1$에서 $\log_2 m > 0$, $\log_2 n > 0$이므로 산술평균과 기하평균의 관계에 의하여

$$\log_2 m + \log_2 n \geq 2\sqrt{\log_2 m \times \log_2 n}$$

(단, 등호는 $\log_2 m = \log_2 n$일 때 성립한다.)

$$\log_2 mn \geq 2\sqrt{\frac{15}{4}}$$

$$\log_2 mn \geq \sqrt{15}$$

따라서 $\log_2 mn$의 최솟값은 $\sqrt{15}$이다.

3

부등식 $\left(\frac{1}{3}\right)^{f(x)g(x)} < \left(\frac{1}{81}\right)^{g(x)}$에서

$$\left(\frac{1}{3}\right)^{f(x)g(x)} < \left(\frac{1}{3}\right)^{4g(x)}$$

밑 $\frac{1}{3}$이 $0 < \frac{1}{3} < 1$이므로

$$f(x)g(x) > 4g(x)$$
$$\{f(x) - 4\}g(x) > 0$$
$$f(x) > 4, \ g(x) > 0 \ 또는 \ f(x) < 4, \ g(x) < 0$$

(i) $f(x) > 4$, $g(x) > 0$일 때

$f(x) > 4$에서 $x > 3$ ······ ㉠

$g(x) > 0$에서 $x < 9$ ······ ㉡

㉠, ㉡에서 $3 < x < 9$

(ii) $f(x) < 4$, $g(x) < 0$일 때

$f(x) < 4$에서 $x < 3$ ······ ㉢

$g(x) < 0$에서 $x > 9$ ······ ㉣

㉢, ㉣을 동시에 만족시키는 x의 값은 존재하지 않는다.

(i), (ii)에서 $3 < x < 9$

따라서 정수 x는 4, 5, 6, 7, 8이고, 그 합은

$$4 + 5 + 6 + 7 + 8 = 30$$

4

점 P를 지나고 x축에 수직인 직선과 점 Q를 지나고 y축에 수직인 직선이 만나는 점을 H라 하면 직선 PQ의 기울기가 $-\frac{1}{2}$이므로

$\overline{\text{PH}} : \overline{\text{HQ}} = 1 : 2$이다.

즉, 점 Q는 점 P를 x축의 방향으로 $2k \ (k > 0)$만큼, y축의 방향으로 $-k$만큼 평행이동한 점이다.

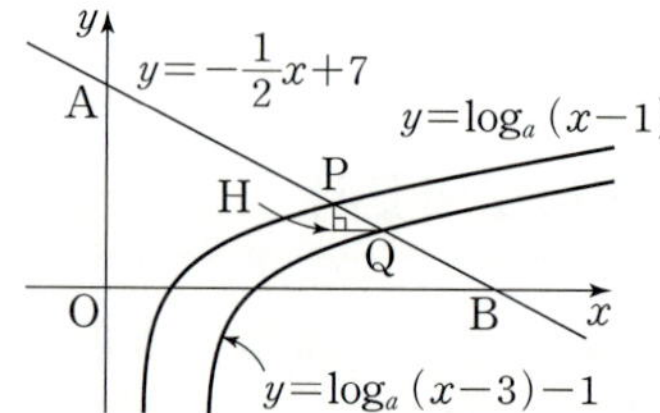

그런데 함수 $y = \log_a (x-3) - 1$의 그래프는 함수 $y = \log_a (x-1)$의 그래프를 x축의 방향으로 2만큼, y축의 방향으로 -1만큼 평행이동한 것이고, 두 점 P, Q는 각각 두 그래프 위의 점이므로 $\overline{\text{PH}} = 1$, $\overline{\text{HQ}} = 2$이다.

$$\overline{\text{PQ}} = \sqrt{1^2 + 2^2} = \sqrt{5}$$

A$(0, 7)$, B$(14, 0)$이므로

$$\overline{\text{AB}} = \sqrt{7^2 + 14^2} = 7\sqrt{5}$$

$\overline{\text{AP}} = 2\overline{\text{QB}}$이므로 $\overline{\text{QB}} = b$, $\overline{\text{AP}} = 2b$라 하면

$\overline{AB}=\overline{AP}+\overline{PQ}+\overline{QB}$에서

$7\sqrt{5}=2b+\sqrt{5}+b$

$3b=6\sqrt{5}$

$b=2\sqrt{5}$

따라서 $\overline{AP}:\overline{PB}=4\sqrt{5}:3\sqrt{5}=4:3$이므로

점 P의 좌표는

$\left(\dfrac{4\times14+3\times0}{4+3},\ \dfrac{4\times0+3\times7}{4+3}\right)$, 즉 $(8,\ 3)$

점 $P(8,\ 3)$이 함수 $y=\log_a(x-1)$의 그래프 위의 점이므로

$3=\log_a(8-1)$

$a^3=7$

$a=\sqrt[3]{7}$

참고

곡선 $y=\log_a(x-1)$ 위의 임의의 점 C를 x축, y축의 방향으로 각각 2, -1만큼씩 평행이동한 점을 D라 하면 점 D는 곡선

$y=\log_a(x-3)-1$ 위의 점이고, 직선 CD는 기울기가 $-\dfrac{1}{2}$인 직선

이다.

즉, 기울기가 $-\dfrac{1}{2}$인 임의의 직선 l이 곡선 $y=\log_a(x-3)-1$과 만

나는 점은 직선 l이 곡선 $y=\log_a(x-1)$과 만나는 점을 x축의 방향

으로 2만큼, y축의 방향으로 -1만큼 평행이동한 점이다.

따라서 문제에서 주어진 직선 $y=-\dfrac{1}{2}x+7$ 위의 점 Q는 점 P를 x축

의 방향으로 2만큼, y축의 방향으로 -1만큼 평행이동한 점이다.

즉, $\overline{PH}=1$, $\overline{HQ}=2$이다.

5

$\tan\theta+\dfrac{1}{\tan\theta}=-4$에서

$\dfrac{\sin\theta}{\cos\theta}+\dfrac{\cos\theta}{\sin\theta}=-4$, $\dfrac{\sin^2\theta+\cos^2\theta}{\sin\theta\cos\theta}=-4$

$\dfrac{1}{\sin\theta\cos\theta}=-4$, $\sin\theta\cos\theta=-\dfrac{1}{4}$

$(\sin\theta-\cos\theta)^2=\sin^2\theta-2\sin\theta\cos\theta+\cos^2\theta$

$\qquad\qquad\qquad=(\sin^2\theta+\cos^2\theta)-2\sin\theta\cos\theta$

$\qquad\qquad\qquad=1-2\times\left(-\dfrac{1}{4}\right)=\dfrac{3}{2}$

한편, $\dfrac{\pi}{2}<\theta<\pi$에서 $\sin\theta>0$, $\cos\theta<0$이므로

$\sin\theta-\cos\theta>0$

따라서 $\sin\theta-\cos\theta=\sqrt{\dfrac{3}{2}}=\dfrac{\sqrt{6}}{2}$

6

$\sin x=t\ (-1\leq t\leq1)$이라 하면

부등식 $\sin^2x-4\sin x+7-k\geq0$에서

$t^2-4t+7-k\geq0$

$(t-2)^2+3-k\geq0$

$(t-2)^2+3\geq k$

$f(t)=(t-2)^2+3$이라 하면 $-1\leq t\leq1$일 때 함수 $f(t)$는 $t=1$에서

최솟값 $f(1)=4$를 갖는다.

즉, 주어진 부등식이 항상 성립하려면 $-1\leq t\leq1$에서 함수 $y=f(t)$

의 그래프가 직선 $y=k$의 위쪽에 있거나 직선 $y=k$가 점 $(1,\ 4)$를 지

나야 한다.

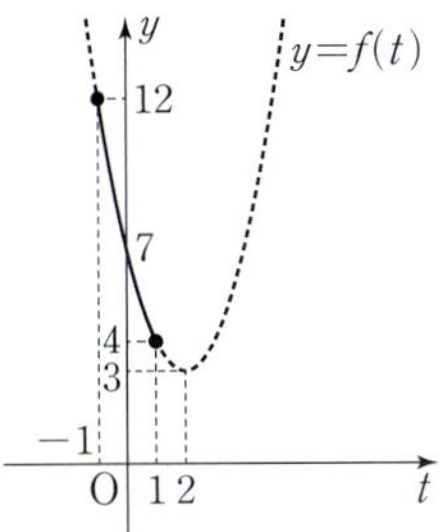

따라서 $k\leq4$이므로 실수 k의 최댓값은 4이다.

7

삼각형 ABC에서 $\overline{BC}=a$, $\overline{CA}=b$, $\overline{AB}=c$라 하자.

삼각형 ABC에서 코사인법칙에 의하여

$c^2=a^2+b^2-2ab\cos C$

$\quad=(a+b)^2-2ab-2ab\cos C$

$\quad=(a+b)^2-2ab(1+\cos C)$

주어진 조건에서

$c=2\sqrt{26}$, $a+b=8+2\sqrt{2}$, $C=135°$

이므로

$(2\sqrt{26})^2=(8+2\sqrt{2})^2-2ab(1+\cos 135°)$

$104=72+32\sqrt{2}-2ab\left\{1+\left(-\dfrac{\sqrt{2}}{2}\right)\right\}$

$104=72+32\sqrt{2}-2ab+\sqrt{2}ab$

$(2-\sqrt{2})ab=-32+32\sqrt{2}$

$ab=\dfrac{32(\sqrt{2}-1)}{2-\sqrt{2}}$

$\quad=\dfrac{32(\sqrt{2}-1)}{\sqrt{2}(\sqrt{2}-1)}$

$\quad=\dfrac{32}{\sqrt{2}}=16\sqrt{2}$

따라서 구하는 삼각형 ABC의 넓이는

$\dfrac{1}{2}ab\sin C=\dfrac{1}{2}\times16\sqrt{2}\times\sin 135°$

$\qquad\qquad=\dfrac{1}{2}\times16\sqrt{2}\times\dfrac{\sqrt{2}}{2}=8$

8

첫째항이 -2, 공차가 3인 등차수열 $\{a_n\}$의 일반항은

$a_n=-2+(n-1)\times3=3n-5$

$b_n=2^{a_n}$이므로

$b_5+b_6+b_7+b_8+b_9$

$=2^{a_5}+2^{a_6}+2^{a_7}+2^{a_8}+2^{a_9}$

$=2^{10}+2^{13}+2^{16}+2^{19}+2^{22}$

$=\dfrac{2^{10}\times\{(2^3)^5-1\}}{2^3-1}$

$=\dfrac{2^{10}}{7}(2^{15}-1)$

따라서 $m=15$

9

(i) $n=1$일 때, (좌변)$=2$, (우변)$=\dfrac{2!}{1!}=2$이므로 $(*)$이 성립한다.

(ii) $n=k$일 때, $(*)$이 성립한다고 가정하면

$$2\times6\times10\times\cdots\times(4k-2)=\frac{(2k)!}{k!} \quad\cdots\cdots\ \boxed{\bigcirc}$$

$\bigcirc$의 양변에 $(4k+2)$를 곱하면

$$2\times6\times10\times\cdots\times(4k-2)\times(4k+2)$$
$$=\frac{(2k)!}{k!}\times(4k+2)$$
$$=\frac{\boxed{2(2k+1)!}}{k!}$$
$$=\frac{\boxed{2(2k+1)!}}{2(k+1)!}\times(\boxed{2k+2})$$
$$=\frac{(2k+2)!}{(k+1)!}$$

이므로 $n=k+1$일 때도 $(*)$이 성립한다.

(i), (ii)에 의하여 모든 자연수 n에 대하여 $(*)$이 성립한다.

따라서 $f(k)=2(2k+1)!$, $g(k)=2k+2$이므로

$$\frac{10!\times g(3)}{f(4)}=\frac{10!\times8}{2\times9!}=40$$

10

점 $A(0,\ -1)$에서 함수 $y=\dfrac{1}{n}x^2$의 그래프에 그은 접선의 기울기를 $m\ (m>0)$이라 하면 접선의 방정식은 $y=mx-1$이다.

$y=\dfrac{1}{n}x^2$, $y=mx-1$을 연립하면

$$\frac{1}{n}x^2=mx-1$$
$$\frac{1}{n}x^2-mx+1=0 \quad\cdots\cdots\ \bigcirc$$

이차방정식 $\bigcirc$의 판별식을 D라 하면 $D=0$이어야 하므로

$$D=m^2-\frac{4}{n}=0,\ m^2=\frac{4}{n}$$

$m>0$이므로 $m=\dfrac{2}{\sqrt{n}}$

따라서 접선의 방정식은 $y=\dfrac{2}{\sqrt{n}}x-1$이고

접점의 x좌표 x_n은 $\bigcirc$에서

$$\frac{1}{n}x_n^{\,2}-\frac{2}{\sqrt{n}}x_n+1=0$$
$$\left(\frac{1}{\sqrt{n}}x_n-1\right)^2=0$$이므로 $x_n=\sqrt{n}$

이때 $y_n=1$이므로 접점은 $P(\sqrt{n},\ 1)$이다.

따라서

$$\sum_{n=1}^{15}\frac{y_n}{x_n+x_{n+1}}$$
$$=\sum_{n=1}^{15}\frac{1}{\sqrt{n}+\sqrt{n+1}}=\sum_{n=1}^{15}\frac{1}{\sqrt{n+1}+\sqrt{n}}$$
$$=\sum_{n=1}^{15}(\sqrt{n+1}-\sqrt{n})$$
$$=(\sqrt{2}-\sqrt{1})+(\sqrt{3}-\sqrt{2})+(\sqrt{4}-\sqrt{3})+\cdots+(\sqrt{16}-\sqrt{15})$$
$$=-1+\sqrt{16}=-1+4=3$$

1 ①	**2** ②	**3** ④	**4** ④
5 ②	**6** ④	**7** 3	**8** ④
9 ②	**10** 101		

1

$$\log_5 16\times\log_2\frac{1}{5}=\log_5 16\times(-\log_2 5)$$
$$=\frac{\log_2 16}{\log_2 5}\times(-\log_2 5)$$
$$=-\log_2 16$$
$$=-4\log_2 2$$
$$=-4$$

2

$a^{\frac{1}{2}}=\sqrt[3]{\sqrt{2}-1}$에서

$$a^{\frac{3}{2}}=(\sqrt[3]{\sqrt{2}-1})^3=\sqrt{2}-1$$
$$a^3=(\sqrt{2}-1)^2=3-2\sqrt{2}$$

따라서

$$\frac{a^{-\frac{1}{2}}}{a+a^{-\frac{1}{2}}}+\frac{a^{\frac{1}{2}}}{a^2-a^{\frac{1}{2}}}$$
$$=\frac{a^{-\frac{1}{2}}\times(a^2-a^{\frac{1}{2}})+a^{\frac{1}{2}}\times(a+a^{-\frac{1}{2}})}{(a+a^{-\frac{1}{2}})(a^2-a^{\frac{1}{2}})}$$
$$=\frac{(a^{\frac{3}{2}}-1)+(a^{\frac{3}{2}}+1)}{a^3-a^{\frac{3}{2}}+a^{\frac{3}{2}}-1}$$
$$=\frac{2a^{\frac{3}{2}}}{a^3-1}$$
$$=\frac{2(\sqrt{2}-1)}{(3-2\sqrt{2})-1}$$
$$=\frac{2(\sqrt{2}-1)}{-2(\sqrt{2}-1)}$$
$$=-1$$

다른 풀이

$a^{\frac{1}{2}}=\sqrt[3]{\sqrt{2}-1}$에서

$$a^{\frac{3}{2}}=(\sqrt[3]{\sqrt{2}-1})^3=\sqrt{2}-1$$

따라서

$$\frac{a^{-\frac{1}{2}}}{a+a^{-\frac{1}{2}}}+\frac{a^{\frac{1}{2}}}{a^2-a^{\frac{1}{2}}}$$
$$=\frac{a^{-\frac{1}{2}}}{a+a^{-\frac{1}{2}}}\times\frac{a^{\frac{1}{2}}}{a^{\frac{1}{2}}}+\frac{a^{\frac{1}{2}}}{a^2-a^{\frac{1}{2}}}\times\frac{a^{-\frac{1}{2}}}{a^{-\frac{1}{2}}}$$
$$=\frac{1}{a^{\frac{3}{2}}+1}+\frac{1}{a^{\frac{3}{2}}-1}$$
$$=\frac{1}{(\sqrt{2}-1)+1}+\frac{1}{(\sqrt{2}-1)-1}$$
$$=\frac{1}{\sqrt{2}}+\frac{1}{\sqrt{2}-2}$$

$$=\frac{(\sqrt{2}-2)+\sqrt{2}}{\sqrt{2}(\sqrt{2}-2)}$$

$$=\frac{2(\sqrt{2}-1)}{-2(\sqrt{2}-1)}$$

$$=-1$$

3

$2^x=t$라 하면 $t>0$이고,

$(2^x+2)^2+2^x+a>0$에서

$(t+2)^2+t+a>0$

$t^2+5t+4+a>0$

t에 대한 이차함수 $f(t)=t^2+5t+4+a$의 그래프의 축의 방정식은

$t=-\dfrac{5}{2}$이고, $t>0$인 부분에서 $f(t)>0$이려면 $f(0)\geq0$이어야 한다.

$f(0)=4+a\geq0$에서 $a\geq-4$

따라서 실수 a의 최솟값은 -4이다.

4

$y=\log_{\frac{2}{3}}x=-\log_{\frac{3}{2}}x$이므로 함수 $y=\log_{\frac{2}{3}}x$의 그래프는 함수

$y=\log_{\frac{3}{2}}x$의 그래프를 x축에 대하어 대칭이동한 것이다.

그러므로 두 점 R, S를 x축에 대하여 대칭이동한 점을 각각 R′, S′이

라 하면 점 R′은 곡선 $y=\log_{\frac{3}{2}}x$ 위에 있고 점 S′은 y축 위에 있다.

또 직선 R′S′의 기울기는 -1이므로 직선 PQ와 평행하고

$\overline{RS}=\overline{R'S'}$ 　　　…… ㉠

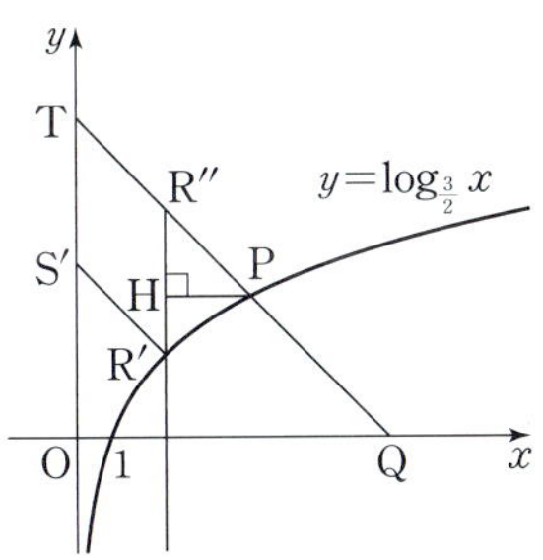

이때 직선 PQ가 y축과 만나는 점을 T라 하면 직선 PQ의 기울기가

-1이므로 직각삼각형 OQT에서

$\sqrt{2}\times\overline{OQ}=\overline{QT}$ 　　…… ㉡

또 점 R′을 지나고 y축에 평행한 직선이 직선 PQ와 만나는 점을 R″

이라 하면

$\overline{S'R'}=\overline{TR''}$ 　　…… ㉢

조건 (가)에서

$\sqrt{2}\times\overline{OQ}=\overline{PQ}+\overline{RS}+\sqrt{2}$이므로 ㉠, ㉡, ㉢에서

$\overline{TQ}=\overline{PQ}+\overline{TR''}+\sqrt{2}$

$\overline{TQ}-\overline{PQ}-\overline{TR''}=\sqrt{2}$

즉, $\overline{R''P}=\sqrt{2}$

점 P에서 선분 R″R′에 내린 수선의 발을 H라 하면

$\angle HPR''=45°$이므로

$\overline{PH}=1$

그러므로 점 R′의 x좌표를 a라 하면 점 P의 x좌표는 $a+1$이다.

한편, 조건 (나)에서 두 점 P와 R의 y좌표의 합이 1이므로

$\log_{\frac{3}{2}}(a+1)-\log_{\frac{3}{2}}a=1$

$\log_{\frac{3}{2}}\dfrac{a+1}{a}=1$

$\dfrac{a+1}{a}=\dfrac{3}{2}$

$a=2$

따라서 점 P의 x좌표는

$a+1=3$

5

$\dfrac{3}{2}\pi<\theta<2\pi$에서 $\cos\theta>0$이므로

$\cos\theta=\sqrt{1-\sin^2\theta}=\sqrt{1-\dfrac{4}{9}}=\dfrac{\sqrt{5}}{3}$

$\tan\theta=\dfrac{\sin\theta}{\cos\theta}=\dfrac{-\dfrac{2}{3}}{\dfrac{\sqrt{5}}{3}}=-\dfrac{2}{\sqrt{5}}=-\dfrac{2\sqrt{5}}{5}$

따라서

$\sin\left(\dfrac{\pi}{2}-\theta\right)+\tan(\pi+\theta)=\cos\theta+\tan\theta$

$$=\dfrac{\sqrt{5}}{3}+\left(-\dfrac{2\sqrt{5}}{5}\right)$$

$$=-\dfrac{\sqrt{5}}{15}$$

6

$\sin^2 A=1-\cos^2 A=1-\left(\dfrac{\sqrt{7}}{4}\right)^2=\dfrac{9}{16}$

이때 $0<A<\pi$이고 $\sin A>0$이므로

$\sin A=\dfrac{3}{4}$

삼각형 ABC의 외접원의 반지름의 길이가 16이므로

사인법칙에 의하여

$\dfrac{\overline{BC}}{\sin A}=2\times16$

따라서 $\overline{BC}=2\times16\times\sin A=2\times16\times\dfrac{3}{4}=24$

7

함수 $y=2\cos\pi x$의 주기는 $\dfrac{2\pi}{\pi}=2$이고,

최댓값은 2, 최솟값은 -2이다.

두 점 A, B의 x좌표를 각각 α, β라 하면

두 점 A, B의 좌표는 각각 A$(\alpha,\ m)$, B$(\beta,\ m)$이다.

직선 OA의 기울기가 직선 OB의 기울기의 7배이므로

$\dfrac{m}{\alpha}=7\times\dfrac{m}{\beta}$

$0<m<2$이므로

$\dfrac{1}{\alpha}=\dfrac{7}{\beta}$

$\beta=7\alpha$

함수 $y=2\cos\pi x$의 그래프는 직선 $x=1$에 대하여 대칭이므로

$\dfrac{\alpha+\beta}{2}=1$

$\dfrac{\alpha+7\alpha}{2}=1$

$4\alpha = 1$

즉, $\alpha = \dfrac{1}{4}$, $\beta = \dfrac{7}{4}$

선분 AB의 길이가 n이므로

$n = \beta - \alpha = \dfrac{7}{4} - \dfrac{1}{4} = \dfrac{6}{4} = \dfrac{3}{2}$

한편, 점 $A\left(\dfrac{1}{4},\, m\right)$은 함수 $y = 2\cos \pi x$의 그래프 위의 점이므로

$m = 2\cos\dfrac{\pi}{4} = 2 \times \dfrac{\sqrt{2}}{2} = \sqrt{2}$

따라서 $m^2 \times n = (\sqrt{2})^2 \times \dfrac{3}{2} = 3$

8

등차수열 $\{a_n\}$의 첫째항을 a, 공차를 d라 하면

$a_1 a_9 = a(a+8d)$
$\qquad = a^2 + 8ad = -60 \qquad \cdots\cdots \ \text{㉠}$

$a_4 a_6 = (a+3d)(a+5d)$
$\qquad = a^2 + 8ad + 15d^2 = 0 \qquad \cdots\cdots \ \text{㉡}$

㉡$-$㉠을 하면

$15d^2 = 60,\ d^2 = 4 \qquad \cdots\cdots \ \text{㉢}$

따라서

$a_3 a_7 = (a+2d)(a+6d)$
$\qquad = a^2 + 8ad + 12d^2$
$\qquad = -60 + 12 \times 4 \ (\text{㉠, ㉢에서})$
$\qquad = -60 + 48 = -12$

9

$\displaystyle\sum_{k=1}^{n} \dfrac{1}{\sqrt{k+1}+\sqrt{k}}$

$= \displaystyle\sum_{k=1}^{n} (\sqrt{k+1}-\sqrt{k})$

$= (\sqrt{2}-\sqrt{1})+(\sqrt{3}-\sqrt{2})+(\sqrt{4}-\sqrt{3})+\cdots+(\sqrt{n+1}-\sqrt{n})$

$= \sqrt{n+1}-1$

$\sqrt{n+1}-1=6$에서 $\sqrt{n+1}=7$이므로 $n=48$

$\displaystyle\sum_{k=1}^{2n} \dfrac{1}{\sqrt{3k+1}+\sqrt{3k-2}}$

$= \dfrac{1}{3} \displaystyle\sum_{k=1}^{2n} (\sqrt{3k+1}-\sqrt{3k-2})$

$= \dfrac{1}{3}\{(\sqrt{4}-\sqrt{1})+(\sqrt{7}-\sqrt{4})+(\sqrt{10}-\sqrt{7})+\cdots$
$\qquad\qquad\qquad\qquad\qquad\qquad\quad +(\sqrt{6n+1}-\sqrt{6n-2})\}$

$= \dfrac{1}{3}(\sqrt{6n+1}-1)$

따라서 $n=48$을 대입하면

$\dfrac{1}{3}(\sqrt{289}-1) = \dfrac{17-1}{3} = \dfrac{16}{3}$

10

정삼각형 $A_n B_n C_n$의 한 변의 길이를 a_n이라 하자.

삼각형 $A_{n+1}B_nD_n$에서 $\angle D_n A_{n+1}B_n = \angle D_n B_n A_{n+1} = \dfrac{\pi}{3}$

이므로 삼각형 $A_{n+1}B_nD_n$은 정삼각형이다.

선분 B_nC_n을 $2 : 5$로 내분하는 점이 D_n이므로

$\overline{B_nD_n} = \overline{A_{n+1}D_n} = \dfrac{2}{7}a_n,\ \overline{C_nD_n} = \dfrac{5}{7}a_n$

$\overline{D_nC_{n+1}} = a_{n+1} - \dfrac{2}{7}a_n$

두 정삼각형 $A_{n+1}B_nD_n$, $A_{n+1}B_{n+1}C_{n+1}$의 넓이는 각각

$\dfrac{\sqrt{3}}{4} \times \left(\dfrac{2}{7}\right)^2 {a_n}^2,\ \dfrac{\sqrt{3}}{4}{a_{n+1}}^2$ 이고,

삼각형 $C_nD_nC_{n+1}$의 넓이는

$\dfrac{1}{2} \times \overline{C_nD_n} \times \overline{D_nC_{n+1}} \times \sin(\angle C_nD_nC_{n+1})$

$= \dfrac{1}{2} \times \dfrac{5}{7}a_n \times \left(a_{n+1} - \dfrac{2}{7}a_n\right) \times \sin\dfrac{\pi}{3}$

$= \dfrac{\sqrt{3}}{4} \times \dfrac{5}{7}a_n\left(a_{n+1} - \dfrac{2}{7}a_n\right)$

세 삼각형 $A_{n+1}B_nD_n$, $C_nD_nC_{n+1}$, $A_{n+1}B_{n+1}C_{n+1}$의 넓이가 이 순서대로 등차수열을 이루므로

$2 \times (\text{삼각형 } C_nD_nC_{n+1}\text{의 넓이})$

$= (\text{삼각형 } A_{n+1}B_nD_n\text{의 넓이}) + (\text{삼각형 } A_{n+1}B_{n+1}C_{n+1}\text{의 넓이})$

$2 \times \dfrac{\sqrt{3}}{4} \times \dfrac{5}{7}a_n\left(a_{n+1} - \dfrac{2}{7}a_n\right) = \dfrac{\sqrt{3}}{4} \times \left(\dfrac{2}{7}\right)^2 {a_n}^2 + \dfrac{\sqrt{3}}{4}{a_{n+1}}^2$

$49{a_{n+1}}^2 - 70a_n a_{n+1} + 24{a_n}^2 = 0$

$(7a_{n+1} - 4a_n)(7a_{n+1} - 6a_n) = 0$

$a_{n+1} = \dfrac{4}{7}a_n$ 또는 $a_{n+1} = \dfrac{6}{7}a_n$

$\overline{A_{n+1}B_n} = \overline{A_{n+1}D_n} = \dfrac{2}{7}a_n$이고

$\overline{B_nB_{n+1}} = \overline{D_nC_{n+1}} = a_{n+1} - \dfrac{2}{7}a_n$이므로

$a_{n+1} = \dfrac{4}{7}a_n$이면 $\overline{B_nB_{n+1}} = \dfrac{2}{7}a_n$이 되어 조건 (다)를 만족시키지 않고,

$a_{n+1} = \dfrac{6}{7}a_n$이면 $\overline{B_nB_{n+1}} = \dfrac{4}{7}a_n$이 되어 조건 (다)를 만족시킨다.

그러므로 $a_{n+1} = \dfrac{6}{7}a_n$이다.

이때 $a_1 = \overline{A_1B_1} = 1$이므로

$a_n = 1 \times \left(\dfrac{6}{7}\right)^{n-1} = \left(\dfrac{6}{7}\right)^{n-1}$

$\overline{B_nB_{n+1}} = \dfrac{4}{7}a_n = \dfrac{4}{7} \times \left(\dfrac{6}{7}\right)^{n-1}$

따라서

$\overline{A_1B_3} = \overline{A_1B_1} + \overline{B_1B_2} + \overline{B_2B_3}$

$\qquad = 1 + \dfrac{4}{7} + \dfrac{4}{7} \times \dfrac{6}{7}$

$\qquad = \dfrac{101}{49}$

이므로 $49 \times \overline{A_1B_3} = 101$

$\underset{\text{회}}{\textbf{03}}$ 미니모의고사

본문 12~15쪽

1 ③	**2** ③	**3** ⑤	**4** 18
5 ①	**6** ②	**7** ①	**8** ②
9 ⑤	**10** 17		

1

$(\sqrt[3]{\sqrt{2}})^2=\sqrt[3]{(\sqrt{2})^2}=\sqrt[3]{2}$

$\sqrt[6]{4}=\sqrt[3\times2]{2^2}=\sqrt[3]{2}$

$\sqrt[3]{\sqrt[3]{8}}=\sqrt[3]{\sqrt[3]{2^3}}=\sqrt[3]{(\sqrt[3]{2})^3}=\sqrt[3]{2}$

따라서 $\dfrac{(\sqrt[3]{\sqrt{2}})^2+\sqrt[6]{4}+\sqrt[3]{\sqrt[3]{8}}}{\sqrt[3]{2}}=\dfrac{3\sqrt[3]{2}}{\sqrt[3]{2}}=3$

2

$a^{-\frac{1}{2}}+b^{-\frac{1}{2}}=3$의 양변을 제곱하면

$a^{-1}+2a^{-\frac{1}{2}}b^{-\frac{1}{2}}+b^{-1}=9$

이때 $a^{-1}+b^{-1}=5$이므로

$5+2a^{-\frac{1}{2}}b^{-\frac{1}{2}}=9$

$a^{-\frac{1}{2}}b^{-\frac{1}{2}}=2$

$(ab)^{-\frac{1}{2}}=2$

$\{(ab)^{-\frac{1}{2}}\}^{-2}=2^{-2}$

$ab=\dfrac{1}{4}$

따라서

$$\begin{aligned}
a^{\frac{1}{2}}b^{-\frac{1}{2}}+a^{-\frac{1}{2}}b^{\frac{1}{2}}&=a^{\frac{1}{2}}b^{\frac{1}{2}}(b^{-1}+a^{-1})\\
&=(ab)^{\frac{1}{2}}(a^{-1}+b^{-1})\\
&=\left(\frac{1}{4}\right)^{\frac{1}{2}}\times5\\
&=\frac{1}{2}\times5\\
&=\frac{5}{2}
\end{aligned}$$

3

$0<a<1$일 때 x의 값이 증가하면 함수 $f(x)=a^x+b$의 값은 감소하므로

$M=f(1)=a+b,\ m=f(2)=a^2+b$

$M+m=\dfrac{15}{4}$이므로

$(a+b)+(a^2+b)=\dfrac{15}{4}$에서

$a^2+a+2b=\dfrac{15}{4}$ …… ㉠

$M-m=\dfrac{1}{4}$이므로

$(a+b)-(a^2+b)=\dfrac{1}{4}$에서

$a-a^2=\dfrac{1}{4}$ …… ㉡

㉡에서 $4a^2-4a+1=0,\ (2a-1)^2=0$

이므로 $a=\dfrac{1}{2}$

$a=\dfrac{1}{2}$을 ㉠에 대입하면

$\dfrac{1}{4}+\dfrac{1}{2}+2b=\dfrac{15}{4}$에서 $b=\dfrac{3}{2}$

따라서 $a-b=\dfrac{1}{2}-\dfrac{3}{2}=-1$

4

$A(2,\ a^2),\ B(2,\ \log_a 2)$이고 두 함수 $y=a^x,\ y=\log_a x$의 그래프는 직선 $y=x$에 대하여 대칭이므로

$\overline{PA}=\overline{PD}=a^2-2,\ \overline{PB}=\overline{PC}=2-\log_a 2$

삼각형 PCB의 넓이가 $\dfrac{8}{9}$이므로

$\dfrac{1}{2}(2-\log_a 2)^2=\dfrac{8}{9}$

이때 $2-\log_a 2>0$이므로

$2-\log_a 2=\dfrac{4}{3}$에서 $\log_a 2=\dfrac{2}{3}$

$a^{\frac{2}{3}}=2,\ a=2^{\frac{3}{2}}=2\sqrt{2}$

따라서 삼각형 PDA의 넓이는

$\dfrac{1}{2}(a^2-2)^2=\dfrac{1}{2}\times(8-2)^2=18$

5

$\sin^2\theta+\cos^2\theta=1$이므로

$$\begin{aligned}
&\frac{\cos\theta}{1+\sin\theta}+\frac{1+\sin\theta}{\cos\theta}\\
&=\frac{\cos^2\theta+(1+\sin\theta)^2}{(1+\sin\theta)\times\cos\theta}\\
&=\frac{\cos^2\theta+1+2\sin\theta+\sin^2\theta}{\cos\theta(1+\sin\theta)}\\
&=\frac{2+2\sin\theta}{\cos\theta(1+\sin\theta)}\\
&=\frac{2(1+\sin\theta)}{\cos\theta(1+\sin\theta)}\\
&=-6
\end{aligned}$$

$\sin\theta>0$이므로

$\dfrac{2}{\cos\theta}=-6$

$\cos\theta=-\dfrac{2}{6}=-\dfrac{1}{3}$

$$\begin{aligned}
\sin\theta&=\sqrt{1-\cos^2\theta}\\
&=\sqrt{1-\left(-\frac{1}{3}\right)^2}\\
&=\frac{2\sqrt{2}}{3}
\end{aligned}$$

따라서

$$\begin{aligned}
\sin\theta\times\tan\theta&=\sin\theta\times\frac{\sin\theta}{\cos\theta}\\
&=\frac{2\sqrt{2}}{3}\times\frac{\frac{2\sqrt{2}}{3}}{-\frac{1}{3}}\\
&=-\frac{8}{3}
\end{aligned}$$

6

이차방정식 $x^2+(4\sin\theta)x-2+10\cos\theta=0$의 판별식을 D라 하면
이차방정식 $x^2+(4\sin\theta)x-2+10\cos\theta=0$이 실근을 가져야 하므로 $\dfrac{D}{4}=(2\sin\theta)^2-(-2+10\cos\theta)\geq0$이어야 한다.

즉, $4(1-\cos^2\theta)+2-10\cos\theta\geq0$에서

$2\cos^2\theta+5\cos\theta-3\leq0$

$(2\cos\theta-1)(\cos\theta+3)\leq0$

$0\leq\theta<2\pi$에서 $-1\leq\cos\theta\leq1$이므로 $\cos\theta+3>0$

즉, $2\cos\theta-1\leq0$에서 $\cos\theta\leq\dfrac{1}{2}$이므로 $\dfrac{\pi}{3}\leq\theta\leq\dfrac{5}{3}\pi$

따라서 $\alpha=\dfrac{\pi}{3}$, $\beta=\dfrac{5}{3}\pi$이므로

$\beta-\alpha=\dfrac{5}{3}\pi-\dfrac{\pi}{3}=\dfrac{4}{3}\pi$

7

삼각형 ABC의 외접원의 반지름의 길이를 R라 하면 사인법칙에 의하여

$\sin A=\dfrac{a}{2R}$, $\sin B=\dfrac{b}{2R}$, $\sin C=\dfrac{c}{2R}$

이므로 조건 (가)에서

$\dfrac{a}{2R}+\dfrac{b}{2R}=2\times\dfrac{c}{2R}$

즉, $a+b=2c$ $\quad\cdots\cdots$ ㉠

또 삼각형 ABC에서 코사인법칙에 의하여

$\cos A=\dfrac{b^2+c^2-a^2}{2bc}$,

$\cos B=\dfrac{c^2+a^2-b^2}{2ca}$,

$\cos C=\dfrac{a^2+b^2-c^2}{2ab}$

이므로 조건 (나)에서

$\dfrac{b^2+c^2-a^2}{2bc}+\dfrac{c^2+a^2-b^2}{2ca}=2\times\dfrac{a^2+b^2-c^2}{2ab}$

$a(b^2+c^2-a^2)+b(c^2+a^2-b^2)=2c(a^2+b^2-c^2)$

$ab^2+c^2a-a^3+bc^2+a^2b-b^3-2ca^2-2b^2c+2c^3=0$

$a^2(-a+b-2c)+b^2(a-b-2c)+c^2(a+b+2c)=0$

여기에 ㉠을 대입하면

$-2a^3-2b^3+\dfrac{(a+b)^2}{4}\times2(a+b)=0$

$4a^3+4b^3-(a+b)^3=0$

$4(a+b)(a^2-ab+b^2)-(a+b)(a^2+2ab+b^2)=0$

$(a+b)(3a^2-6ab+3b^2)=0$

$3(a+b)(a-b)^2=0$

$a+b\neq0$이므로 $a=b$

㉠에서 $2c=a+b=2a$이므로 $c=a$

따라서 $a=b=c$이므로 삼각형 ABC는 정삼각형이다.

8

$\dfrac{S_{n+1}}{S_n}=\dfrac{1}{10}$이므로 수열 $\{S_n\}$은 공비가 $\dfrac{1}{10}$인 등비수열이다.

이때 $S_1=a_1=1$이므로

$S_n=1\times\left(\dfrac{1}{10}\right)^{n-1}=\left(\dfrac{1}{10}\right)^{n-1}$

즉, $S_{10}=\left(\dfrac{1}{10}\right)^9$

또

$a_9=S_9-S_8=\left(\dfrac{1}{10}\right)^8-\left(\dfrac{1}{10}\right)^7$

$\quad=\left(\dfrac{1}{10}\right)^8\times(1-10)$

$\quad=(-9)\times\left(\dfrac{1}{10}\right)^8$

따라서 $\dfrac{a_9}{S_{10}}=\dfrac{(-9)\times\left(\dfrac{1}{10}\right)^8}{\left(\dfrac{1}{10}\right)^9}=-90$

9

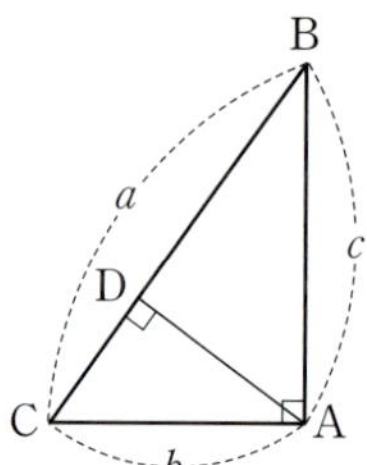

그림과 같이 $\overline{BC}=a$, $\overline{AC}=b$, $\overline{AB}=c$라 하면
삼각형 ABC는 직각삼각형이므로

$a^2=b^2+c^2$ $\quad\cdots\cdots$ ㉠

세 직각삼각형 ABC, ABD, ADC는 닮은 도형이므로 각 변의 길이의 비에 의하여

$\overline{BD}:c=c:a$에서 $\overline{BD}=\dfrac{c^2}{a}$

$\overline{CD}:b=b:a$에서 $\overline{CD}=\dfrac{b^2}{a}$

$\overline{AD}:b=c:a$에서 $\overline{AD}=\dfrac{bc}{a}$

그런데 세 직각삼각형 ABC, ABD, ADC의 넓이가 이 순서대로 등차수열을 이루므로

$2\times$ (삼각형 ABD의 넓이)
$=$ (삼각형 ABC의 넓이) $+$ (삼각형 ADC의 넓이)

즉, $2\times\left(\dfrac{1}{2}\times\dfrac{c^2}{a}\times\dfrac{bc}{a}\right)=\dfrac{1}{2}bc+\dfrac{1}{2}\times\dfrac{b^2}{a}\times\dfrac{bc}{a}$

$\dfrac{2bc^3}{a^2}=bc+\dfrac{b^3c}{a^2}$

$a^2>0$이므로 $2bc^3=a^2bc+b^3c$

$b>0$, $c>0$이므로 $2c^2=a^2+b^2$ $\quad\cdots\cdots$ ㉡

㉠과 ㉡에서 $2c^2=a^2+(a^2-c^2)$

$3c^2=2a^2$, $c^2=\dfrac{2}{3}a^2$

$c>0$이므로 $c=\dfrac{\sqrt{6}}{3}a$

따라서 $\sin C=\dfrac{c}{a}=\dfrac{\dfrac{\sqrt{6}}{3}a}{a}=\dfrac{\sqrt{6}}{3}$

다른 풀이

세 직각삼각형 ABC, ABD, ADC의 넓이를 각각 S_1, S_2, S_3이라 하면 S_1, S_2, S_3이 이 순서대로 등차수열을 이루므로

$$2S_2 = S_1 + S_3 \qquad \cdots\cdots \text{㉠}$$

그런데

(삼각형 ABC의 넓이)

$=$(삼각형 ABD의 넓이)$+$(삼각형 ADC의 넓이)

이므로 $S_1 = S_2 + S_3 \qquad \cdots\cdots \text{㉡}$

㉠과 ㉡에서 $S_2 = 2S_3$이므로

$$S_2 : S_3 = 2 : 1$$

삼각형 ABD와 삼각형 ADC의 넓이의 비는 $\overline{BD}$와 $\overline{CD}$의 길이의 비와 같으므로

$$\overline{BD} : \overline{CD} = 2 : 1$$

$\overline{BD} = 2k$, $\overline{CD} = k$ $(k > 0)$이라 하면

$$\overline{BC} = \overline{BD} + \overline{CD} = 2k + k = 3k$$

$\overline{AB}^2 = \overline{BD} \times \overline{BC} = 2k \times 3k = 6k^2$이므로

$$\overline{AB} = \sqrt{6}\,k \; (\overline{AB} > 0)$$

따라서 직각삼각형 ABC에서

$$\sin C = \frac{\overline{AB}}{\overline{BC}} = \frac{\sqrt{6}\,k}{3k} = \frac{\sqrt{6}}{3}$$

10

자연수 m에 대하여 $a_m = 0 < m$이므로

$$a_{m+1} = m + a_m = m$$

$a_{m+1} = m < m+1$이므로

$$a_{m+2} = (m+1) + a_{m+1} = 2m+1$$

$2m+1 - (m+2) = m-1 \geq 0$, 즉 $2m+1 \geq m+2$이므로

$$a_{m+3} = a_{m+2} - p = 2m+1-p$$

$2m+1-p-(m+3) = m-2-p$이므로 다음과 같은 경우로 나누어 구한다.

(i) $m-2 < p$, 즉 $2m+1-p < m+3$일 때

$$a_{m+4} = (m+3) + a_{m+3} = 3m+4-p$$

$a_{m+4} = 0$에서

$$3m+4-p = 0$$

$$p = 3m+4$$

$p = 3m+4 \leq 10$에서 $m \leq 2$

$m-2 < p$에서 $m-2 < 3m+4$, $m > -3$

따라서 조건을 만족시키는 m의 값은 1, 2이고,

$m=1$이면 $p=7$, $m=2$이면 $p=10$이다.

(ii) $m-2 \geq p$, 즉 $2m+1-p \geq m+3$일 때

$$a_{m+4} = a_{m+3} - p = 2m+1-2p$$

$a_{m+4} = 0$에서

$$2m+1-2p = 0$$

$$2p = 2m+1$$

이 등식을 만족시키는 두 자연수 p, m은 존재하지 않는다.

(i), (ii)에서 p의 값은 7, 10이므로 구하는 모든 p의 값의 합은

$$7+10 = 17$$

04회 미니모의고사

1 ①	**2** 11	**3** ③	**4** ③
5 ④	**6** ②	**7** 7	**8** ③
9 3	**10** ④		

1

로그의 성질에 의하여

$$\log_2(\sqrt{17}+1) + \log_2(\sqrt{17}-1) - \log_2 8$$
$$= \log_2\{(\sqrt{17}+1)(\sqrt{17}-1)\} - 3$$
$$= \log_2 16 - 3 = 4 - 3 = 1$$

2

$\sqrt[n]{\sqrt[n]{a^3}} = a^{\frac{3}{n^2}}$이므로

(i) n이 3의 배수일 때,

$n = 3k$ (k는 자연수)라 하면 $a^{\frac{3}{n^2}} = a^{\frac{1}{3k^2}}$이므로

$a^{\frac{3}{n^2}}$의 값이 자연수이려면 $a^{\frac{1}{3k^2}}$의 값이 자연수이어야 한다.

$a^{\frac{1}{3k^2}}$의 값이 자연수이기 위한 k, a 중 $k+a$가 최소인 것은 $k=1$, $a=8$이고, 이때 $n=3$, $a=8$이므로 $n+a$의 최솟값은 $3+8=11$이다.

(ii) n이 3의 배수가 아닐 때,

$a^{\frac{3}{n^2}}$의 값이 자연수이려면 $a^{\frac{1}{n^2}}$의 값이 자연수이어야 한다.

$a^{\frac{1}{n^2}}$의 값이 자연수이기 위한 n, a 중 $n+a$가 최소인 것은 $n=2$, $a=16$이므로 $n+a$의 최솟값은 $2+16=18$이다.

(i), (ii)에서 구하는 최솟값은 11이다.

3

함수 $y=f(x)$의 그래프는 함수 $y=4^x$의 그래프를 x축의 방향으로 2만큼 평행이동한 것이므로 $f(x) = 4^{x-2}$이다.

또 함수 $y=g(x)$의 그래프는 함수 $y=4^x$의 그래프를 y축에 대하여 대칭이동한 것이므로 $g(x) = 4^{-x}$이다.

$\overline{PQ} = 2$이고 점 P와 점 R는 y축에 대하여 대칭이므로

$\overline{QR} = 5$이면 $\overline{PR} = 3$이고 $t = \dfrac{3}{2}$이다.

두 점 S, T의 x좌표가 모두 $\dfrac{3}{2}$이므로 $S\left(\dfrac{3}{2}, \, 4^{\frac{3}{2}-2}\right)$, $T\left(\dfrac{3}{2}, \, 4^{-\frac{3}{2}}\right)$

따라서 선분 ST의 길이는

$$\overline{ST} = 4^{\frac{3}{2}-2} - 4^{-\frac{3}{2}} = 4^{-\frac{1}{2}} - 4^{-\frac{3}{2}} = 2^{-1} - 2^{-3} = \frac{1}{2} - \frac{1}{8} = \frac{3}{8}$$

4

ㄱ. $f(4) = \left(\dfrac{1}{2}\right)^2 + 3 = \dfrac{13}{4}$, $g(4) = \log_{\frac{1}{2}} \dfrac{1}{4} = 2$

이므로 $f(4) > g(4)$이다.

즉, $x_1 < 4$이다.

또 $f(3) = \left(\dfrac{1}{2}\right)^1 + 3 = \dfrac{7}{2}$이고

함수 $y=g(x)$의 그래프의 점근선은 직선 $x=3$이므로 $x_1>3$이다.

따라서 $3<x_1<4$ (참)

ㄴ. $g(x)=\log_{\frac{1}{2}}\dfrac{x-3}{4}=\log_{\frac{1}{2}}(x-3)+2$

이므로 함수 $g(x)$는 함수 $f(x)$의 역함수이다.

함수 $y=f(x)$의 그래프와 함수 $y=g(x)$의 그래프는 직선 $y=x$
에 대하여 대칭이고

두 점 B, C가 원 $x^2+y^2=49$ 위의 점이므로

점 B와 점 C도 직선 $y=x$에 대하여 대칭이다.

직선 BC와 직선 $y=x$는 서로 수직이므로

$\dfrac{y_3-y_2}{x_3-x_2}=-1$, 즉 $x_3-x_2=y_2-y_3$이다. (참)

ㄷ. 세 점 $A'(3,3)$, $B'(7,3)$, $C'(3,7)$에 대하여

삼각형 $A'B'C'$의 넓이는

$\dfrac{1}{2}\times\overline{A'B'}\times\overline{A'C'}=\dfrac{1}{2}\times4\times4=8$

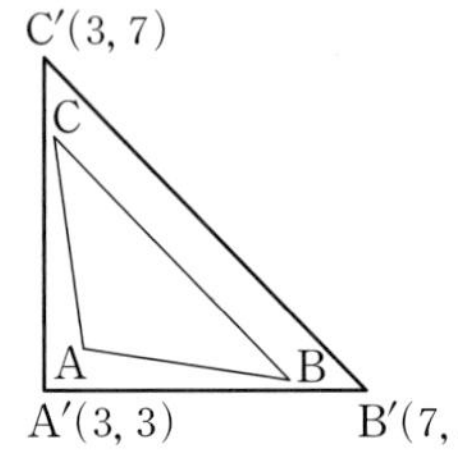

(삼각형 ABC의 넓이)$<$(삼각형 $A'B'C'$의 넓이)이므로

(삼각형 ABC의 넓이)<8 (거짓)

이상에서 옳은 것은 ㄱ, ㄴ이다.

5

이차방정식의 근과 계수의 관계에 의하여

$(\sin\theta+\cos\theta)+(\sin\theta-\cos\theta)=-\dfrac{-40}{25}=\dfrac{8}{5}$

$2\sin\theta=\dfrac{8}{5}$, $\sin\theta=\dfrac{4}{5}$

따라서

$\dfrac{k}{25}=(\sin\theta+\cos\theta)(\sin\theta-\cos\theta)$

$\qquad=\sin^2\theta-\cos^2\theta$

$\qquad=\sin^2\theta-(1-\sin^2\theta)$

$\qquad=2\sin^2\theta-1$

이므로

$k=50\sin^2\theta-25=50\times\dfrac{16}{25}-25=7$

6

삼각형 ABC에서 사인법칙에 의하여

$\dfrac{\overline{BC}}{\sin A}=\dfrac{\overline{CA}}{\sin B}$

조건 (가)에서 $\sqrt{2}\sin A=\sin B$이므로

$\dfrac{\overline{BC}}{\sin A}=\dfrac{\overline{CA}}{\sqrt{2}\sin A}$

$\sin A>0$이므로

$\overline{CA}=\sqrt{2}\times\overline{BC}$

$\overline{BC}=2$이므로

$\overline{CA}=2\sqrt{2}$

조건 (나)에서 $\overline{CA}^2=\overline{AB}\times\overline{BC}$이므로

$(2\sqrt{2})^2=\overline{AB}\times2$

$8=\overline{AB}\times2$

$\overline{AB}=4$

삼각형 ABC에서 코사인법칙에 의하여

$\overline{BC}^2=\overline{AB}^2+\overline{CA}^2-2\times\overline{AB}\times\overline{CA}\times\cos A$

$2^2=4^2+(2\sqrt{2})^2-2\times4\times2\sqrt{2}\times\cos A$

$\cos A=\dfrac{5\sqrt{2}}{8}$

$\sin A>0$이므로

$\sin A=\sqrt{1-\left(\dfrac{5\sqrt{2}}{8}\right)^2}=\dfrac{\sqrt{14}}{8}$

따라서 삼각형 ABC의 넓이는

$\dfrac{1}{2}\times\overline{AB}\times\overline{CA}\times\sin A=\dfrac{1}{2}\times4\times2\sqrt{2}\times\dfrac{\sqrt{14}}{8}$

$\qquad\qquad=\sqrt{7}$

7

그림과 같이 두 여객선 P와 Q의 위치를 잇는 선분이 두 지점 B와 C를 잇는 선분과 평행이 되는 순간의 두 여객선의 위치를 각각 D, E라고 하자. 이때 여객선 P가 움직인 거리를 t km라 하면 여객선 Q는 여객선 P의 2배의 속력으로 움직이므로 여객선 Q가 움직인 거리는 $2t$ km이다.

즉, $\overline{AD}=t$ km, $\overline{CE}=2t$ km이므로

$\overline{AE}=20-2t$ (km)

$\overline{BC}\,/\!/\,\overline{DE}$이므로 삼각형 ADE와 삼각형 ABC는 서로 닮은 도형이다.

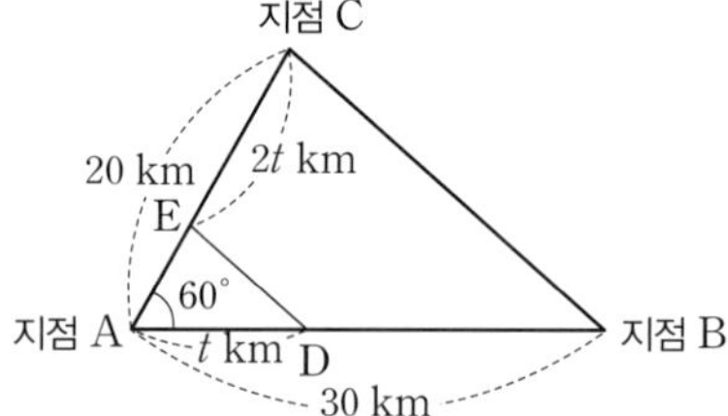

따라서 $\overline{AD}:\overline{AE}=\overline{AB}:\overline{AC}$이므로

$t:(20-2t)=30:20$

$20t=30(20-2t)$

$80t=600$, $t=\dfrac{15}{2}$

따라서 $\overline{AD}=\dfrac{15}{2}$ km, $\overline{AE}=20-2\times\dfrac{15}{2}=5$ (km)

삼각형 ADE에서 코사인법칙에 의하여

$\overline{DE}^2=\overline{AD}^2+\overline{AE}^2-2\times\overline{AD}\times\overline{AE}\times\cos60°$

$\qquad=\left(\dfrac{15}{2}\right)^2+5^2-2\times\dfrac{15}{2}\times5\times\dfrac{1}{2}$

$\qquad=\dfrac{225}{4}+25-\dfrac{75}{2}$

$\qquad=\dfrac{175}{4}$

$\overline{DE}>0$이므로 $\overline{DE}=\dfrac{5\sqrt{7}}{2}$ (km)

따라서 $p=2$, $q=5$이므로

$p+q=7$

8

등비수열 $\{a_n\}$의 첫째항을 $a\ (a>0)$, 공비를 $r\ (r>0)$이라 하면

$$\frac{a_1 a_4}{a_3}=\frac{a\times ar^3}{ar^2}=ar=2 \qquad \cdots\cdots\ \bigcirc$$

$$a_2+a_6=ar+ar^5=ar(1+r^4)=10 \qquad \cdots\cdots\ \bigcirc$$

$\bigcirc$을 $\bigcirc$에 대입하면

$1+r^4=5,\ r^4=4$

$r>0$이므로 $r=\sqrt{2}$

$\bigcirc$에 의하여 $a=\sqrt{2}$

즉, $a_n=(\sqrt{2})^n$이므로

$$b_n=\frac{a_{2n}}{2a_{n+1}}=\frac{(\sqrt{2})^{2n}}{2\times(\sqrt{2})^{n+1}}-\frac{(\sqrt{2})^n}{2\sqrt{2}}-(\sqrt{2})^{n-3}$$

따라서 수열 $\{b_n\}$은 첫째항이 $\dfrac{1}{2}$이고 공비가 $\sqrt{2}$인 등비수열이므로 첫

째항부터 제8항까지의 합은

$$\frac{\frac{1}{2}\{(\sqrt{2})^8-1\}}{\sqrt{2}-1}=\frac{15}{2}\times\frac{1}{\sqrt{2}-1}=\frac{15}{2}(\sqrt{2}+1)$$

9

$n(B)=10$이고 $B=(A\cap B)\cup(B-A)$,

$(A\cap B)\cap(B-A)=\varnothing$이므로 조건 (나)에서

$n(A\cap B)=n(B-A)=5$

집합 $A\cap B$는 두 등차수열의 공통인 항의 집합이므로 집합 $A\cap B$의 모든 원소를 작은 수부터 나열하면 이 순서대로 등차수열을 이룬다.

이 등차수열을 $\{c_n\}$이라 하고, 등차수열 $\{c_n\}$의 공차를 d라 하면 d도 자연수이고 $d_1,\ d_2$의 공배수이다.

이때 $a_5=b_5=3$에서 $3\in A\cap B$, 즉 3은 수열 $\{c_n\}$의 항이고, 수열 $\{c_n\}$의 항의 개수는 $d,\ d_1,\ d_2$의 순서쌍 $(d,\ d_1,\ d_2)$가 $(1,\ 1,\ 1)$, $(2,\ 1,\ 2),\ (2,\ 2,\ 2)$인 경우 5보다 크게 되고, $(2,\ 2,\ 1)$인 경우 5보다 작게 되므로 $d=1$ 또는 $d=2$이면 조건을 만족시키지 않는다.

그러므로 $d\geq 3$

이때 $c_1=3$이고, $c_5\leq 20<c_6$이므로

$3+4d\leq 20<3+5d$

$$\frac{17}{5}<d\leq\frac{17}{4}$$

d는 자연수이므로 $d=4$

그러므로 $A\cap B=\{3,\ 7,\ 11,\ 15,\ 19\}$ $\qquad\cdots\cdots\ \bigcirc$

한편, d_1과 d_2는 모두 d, 즉 4의 약수이다.

그런데 $d_1,\ d_2$가 모두 1 또는 2의 값을 가지면 $n(A\cap B)>5$가 되어 조건을 만족시키지 않는다.

또한 $c_5-c_1=19-3=16$이므로

$d_2=1$이면 $19=b_{21}$, $d_2=2$이면 $19=b_{13}$이 되어 $19\notin B$, 즉

$19\notin A\cap B$가 되어 $\bigcirc$을 만족시키지 않는다.

그러므로 $d_2=4$

따라서 두 자연수 $d_1,\ d_2$의 모든 순서쌍 $(d_1,\ d_2)$는

$(4,\ 4),\ (1,\ 4),\ (2,\ 4)$

이고, 그 개수는 3이다.

10

$S_1=a_1=6$이므로 $(*)$에 $n=1$을 대입하면

$2(S_2+S_1)=(S_2-S_1)^2$

$S_2=a_1+a_2=6+a_2$이므로

$2(6+a_2+6)=a_2^2$에서 $a_2^2-2a_2-24=0$

$(a_2+4)(a_2-6)=0$

$a_2=-4$ 또는 $a_2=6$

$a_2>0$이므로 $a_2=\boxed{6}$

한편, $(*)$에 n 대신 $n+1$을 대입하면

$2(S_{n+2}+S_{n+1})=(S_{n+2}-S_{n+1})^2 \qquad\cdots\cdots\ \bigcirc$

$\bigcirc-(*)$에서

$2(S_{n+2}-S_n)=(S_{n+2}-S_{n+1})^2-(S_{n+1}-S_n)^2$

$2(a_{n+2}+a_{n+1})=a_{n+2}^2-a_{n+1}^2$

$2(a_{n+2}+a_{n+1})=(a_{n+2}+a_{n+1})(a_{n+2}-a_{n+1})$

$a_{n+2}+a_{n+1}>0$이므로

$a_{n+2}-a_{n+1}=\boxed{2}$

따라서 $n\geq 2$일 때 수열 $\{a_n\}$은 $a_2=6$이고 공차가 2인 등차수열이므로

$a_1=6,\ a_n=\boxed{2n+2}\ (n\geq 2)$

이상에서 $p=6,\ q=2,\ f(n)=2n+2$이므로

$$\frac{p+f(10)}{q}=\frac{6+22}{2}=14$$

05회 미니모의고사

1 ②	**2** 25	**3** ③	**4** ②
5 ④	**6** ④	**7** 87	**8** ②
9 56	**10** ②		

1

$$\sqrt[3]{-64}=\sqrt[3]{(-4)^3}=-4$$

$$\frac{\sqrt[4]{162}}{\sqrt{\sqrt{2}}}=\frac{\sqrt[4]{162}}{\sqrt[4]{2}}=\sqrt[4]{\frac{162}{2}}=\sqrt[4]{3^4}=3$$

따라서 $\sqrt[3]{-64}+\dfrac{\sqrt[4]{162}}{\sqrt{\sqrt{2}}}=-4+3=-1$

2

$$y=\log_3(5x-45)=\log_3 5(x-9)$$
$$=\log_3(x-9)+\log_3 5$$

이므로 함수 $y=\log_3(5x-45)$의 그래프는 함수 $y=\log_3 x$의 그래프를 x축의 방향으로 9만큼, y축의 방향으로 $\log_3 5$만큼 평행이동한 것이다.

따라서 $m=9$, $n=\log_3 5$이므로

$$m^n=9^{\log_3 5}=5^{\log_3 9}=5^2=25$$

3

$$\sqrt[3]{(mn)^{\frac{n}{m}}}=(mn)^{\frac{n}{3m}}$$

$(mn)^{\frac{n}{3m}}$의 값이 자연수가 되려면 $\dfrac{n}{3m}$이 자연수이거나,

$\dfrac{n}{3m}$이 자연수가 아닐 때는 우선 mn이 어떤 자연수의 세제곱인 수이어야 한다.

(i) $\dfrac{n}{3m}$이 자연수인 경우

$\dfrac{n}{m}$이 3의 배수인 경우, 즉 n이 $3m$의 배수인 경우이므로 m, n의 순서쌍 (m, n)은 $(2, 6)$, $(3, 9)$이다.

(ii) $\dfrac{n}{3m}$이 자연수가 아닌 경우

$\dfrac{n}{m}$이 3의 배수가 아닌 경우이므로 우선 mn이 어떤 자연수의 세제곱인 수이어야 하는데, 이런 경우의 m, n의 순서쌍 (m, n)은 $(2, 4)$, $(4, 2)$, $(8, 8)$, $(9, 3)$이다.

각각의 경우 $(mn)^{\frac{n}{3m}}$의 값은

$(2\times 4)^{\frac{4}{3\times 2}}=4$, $(4\times 2)^{\frac{2}{3\times 4}}=2^{\frac{1}{2}}$,

$(8\times 8)^{\frac{8}{3\times 8}}=4$, $(9\times 3)^{\frac{3}{3\times 9}}=3^{\frac{1}{3}}$

이므로 $(mn)^{\frac{n}{3m}}$의 값이 자연수가 되도록 하는 m, n의 순서쌍 (m, n)은 $(2, 4)$, $(8, 8)$이다.

(i), (ii)에서 $\sqrt[3]{(mn)^{\frac{n}{m}}}$의 값이 자연수가 되도록 하는 m, n의 순서쌍 (m, n)은 $(2, 6)$, $(3, 9)$, $(2, 4)$, $(8, 8)$이고, 그 개수는 4이다.

4

원 C의 지름이 $\overline{AQ}$이므로 $\angle ARQ=90°$

또 직선 AQ의 기울기가 1이므로 직각삼각형 ARQ에서

$\angle QAR=45°$

그러므로 $\overline{AR}=\overline{AQ}\cos 45°=2$에서

$$\overline{AQ}\times\frac{\sqrt{2}}{2}=2$$

$$\overline{AQ}=2\sqrt{2}$$

점 P에서 x축에 내린 수선의 발을 P′이라 하면

삼각형 PAP′은 $\overline{AP}=\sqrt{2}$이고 $\angle PAP'=45°$인 직각삼각형이므로

$$\overline{AP'}=\overline{PP'}=1$$

즉, 점 P의 좌표는 $(3, 1)$이므로 $y=\log_a x$에 $x=3$, $y=1$을 대입하면

$$1=\log_a 3$$
$$a=3$$

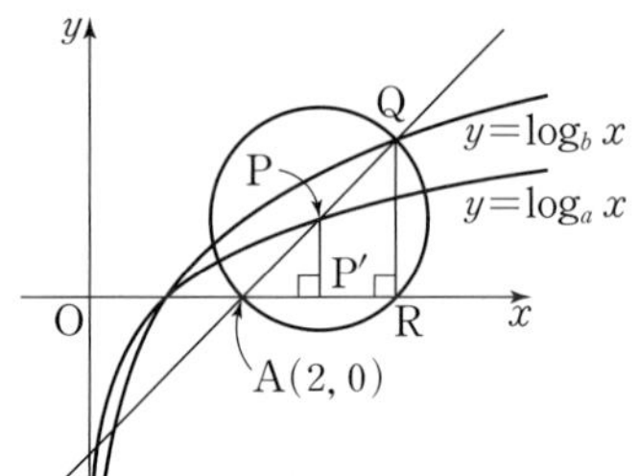

또 $\overline{AR}=\overline{RQ}=2$이므로 점 Q의 좌표는 $(4, 2)$

이 점이 함수 $y=\log_b x$의 그래프 위에 있으므로

$$2=\log_b 4$$
$$b^2=4$$

이때 $b>1$이므로

$$b=2$$

따라서 $a=3$, $b=2$이므로

$$a+b=3+2=5$$

5

선분 AB의 중점을 O라 하면

$$\overline{OA}=\overline{OB}=3$$

$\angle POB=\theta \,(0<\theta<\pi)$라 하면 호 BP의 길이가 π이므로

$$\pi=3\times\theta, \ \theta=\frac{\pi}{3}$$

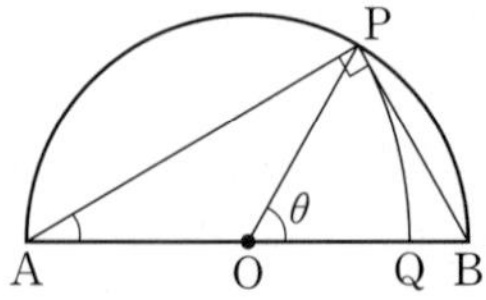

삼각형 ABP에서 $\angle APB=\dfrac{\pi}{2}$, $\angle PAB=\dfrac{1}{2}\angle POB=\dfrac{\pi}{6}$이므로

$$\overline{AP}=\overline{AB}\times\cos\frac{\pi}{6}=6\times\frac{\sqrt{3}}{2}=3\sqrt{3}$$

따라서 부채꼴 APQ의 호 PQ의 길이는

$$3\sqrt{3}\times\frac{\pi}{6}=\frac{\sqrt{3}}{2}\pi$$

6

삼각형 ABC의 외접원의 반지름의 길이를 R라 하면 사인법칙에 의하여

$$\sin A=\frac{a}{2R},\ \sin B=\frac{b}{2R},\ \sin C=\frac{c}{2R}$$

이므로

$$\sin^2 A+\sin^2 B=2\sin^2 C$$

에서

$$\left(\frac{a}{2R}\right)^2+\left(\frac{b}{2R}\right)^2=2\times\left(\frac{c}{2R}\right)^2$$

$$a^2+b^2=2c^2$$

$$c^2=\frac{a^2+b^2}{2}\qquad\cdots\cdots\ \bigcirc$$

이때 코사인법칙에 의하여

$$\cos C=\frac{a^2+b^2-c^2}{2ab}$$

이므로 $\bigcirc$을 대입하면

$$\cos C=\frac{a^2+b^2}{4ab}=\frac{1}{4}\left(\frac{a}{b}+\frac{b}{a}\right)$$

$$\geq\frac{1}{4}\times 2\sqrt{\frac{a}{b}\times\frac{b}{a}}=\frac{1}{2}$$

$$\left(\text{단, 등호는 }\frac{a}{b}=\frac{b}{a},\ \text{즉 }a=b\text{일 때 성립한다.}\right)$$

따라서 구하는 최솟값은 $\dfrac{1}{2}$이다.

7

n보다 작은 자연수 k에 대하여

$$k\theta+(n-k)\theta=n\theta=\frac{\pi}{2}\text{이므로}$$

$$(n-k)\theta=\frac{\pi}{2}-k\theta$$

따라서

$$\sin^2(n-k)\theta=\sin^2\left(\frac{\pi}{2}-k\theta\right)=\cos^2 k\theta\text{이고,}$$

$$\sin^2 k\theta+\sin^2(n-k)\theta=\sin^2 k\theta+\cos^2 k\theta=1\qquad\cdots\cdots\ \bigcirc$$

(i) $n=2m-1$ (m은 자연수)일 때

$\bigcirc$에서

$$\sin^2 k\theta+\sin^2(2m-k-1)\theta=1$$

이므로

$$\sin^2\theta+\sin^2 2\theta+\sin^2 3\theta+\cdots+\sin^2 n\theta$$
$$=\sin^2\theta+\sin^2 2\theta+\sin^2 3\theta+\cdots+\sin^2(2m-1)\theta$$
$$=\{\sin^2\theta+\sin^2(2m-2)\theta\}+\{\sin^2 2\theta+\sin^2(2m-3)\theta\}+$$
$$\cdots+\{\sin^2(m-1)\theta+\sin^2 m\theta\}+\sin^2(2m-1)\theta$$
$$=1\times(m-1)+\sin^2\frac{\pi}{2}$$
$$=1\times(m-1)+1^2$$
$$=m$$

따라서 $14<m<16$을 만족시키는 자연수 m은 15이므로

$$n=2\times 15-1=29$$

(ii) $n=2m$ (m은 자연수)일 때

$\bigcirc$에서

$$\sin^2 k\theta+\sin^2(2m-k)\theta=1$$

이므로

$$\sin^2\theta+\sin^2 2\theta+\sin^2 3\theta+\cdots+\sin^2 n\theta$$
$$=\sin^2\theta+\sin^2 2\theta+\sin^2 3\theta+\cdots+\sin^2 2m\theta$$
$$=\{\sin^2\theta+\sin^2(2m-1)\theta\}+\{\sin^2 2\theta+\sin^2(2m-2)\theta\}+$$
$$\cdots+\{\sin^2(m-1)\theta+\sin^2(m+1)\theta\}$$
$$+\sin^2 m\theta+\sin^2 2m\theta$$
$$=1\times(m-1)+\sin^2\frac{\pi}{4}+\sin^2\frac{\pi}{2}$$
$$=1\times(m-1)+\left(\frac{\sqrt{2}}{2}\right)^2+1^2$$
$$=m+\frac{1}{2}$$

따라서 $14<m+\dfrac{1}{2}<16$에서 $13.5<m<15.5$를 만족시키는 자연수 m은 14, 15이므로 n은 28, 30이다.

(i), (ii)에서 자연수 n은 28, 29, 30이고, 그 합은

$$28+29+30=87$$

8

$\log_3\dfrac{1}{2},\ a_1,\ a_2,\ \cdots,\ a_{10},\ \log_3 18$이 등차수열을 이루므로 12개의 수의 합을 S_{12}라 하면

$$S_{12}=\frac{12\left(\log_3\dfrac{1}{2}+\log_3 18\right)}{2}$$

$$=\frac{12\log_3\left(\dfrac{1}{2}\times 18\right)}{2}$$

$$=6\times\log_3 9=6\times 2\log_3 3=12$$

따라서

$$a_1+a_2+\cdots+a_{10}=S_{12}-\left(\log_3\frac{1}{2}+\log_3 18\right)$$
$$=12-\log_3 9$$
$$=12-2=10$$

9

원 C_1의 중심을 O_1이라 하고, 점 O_1에서 선분 OB에 내린 수선의 발을 H_1이라 하자.

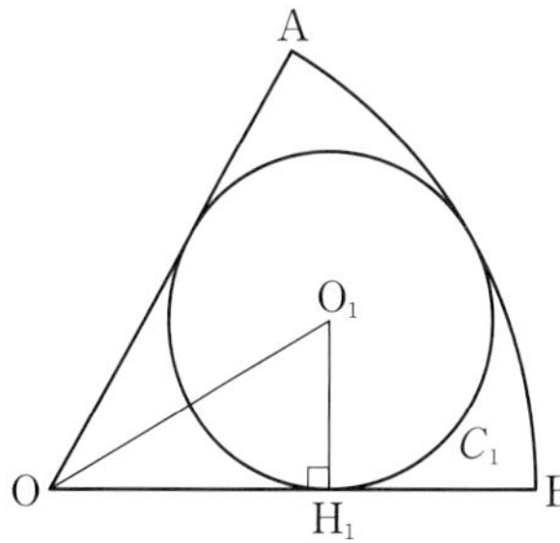

삼각형 O_1OH_1에서

$$\overline{O_1H_1}=a_1,\ \overline{OO_1}=6-a_1\text{이고,}\ \angle O_1OH_1=\frac{\pi}{6}\text{이므로}$$

$$\sin\frac{\pi}{6}=\frac{\overline{O_1H_1}}{\overline{OO_1}}$$

$$\frac{1}{2}=\frac{a_1}{6-a_1}\text{에서}$$

$$a_1=2$$

한편, 원 C_n의 중심을 O_n이라 하고, 점 O_n에서 선분 OB에 내린 수선의 발을 H_n이라 하자.

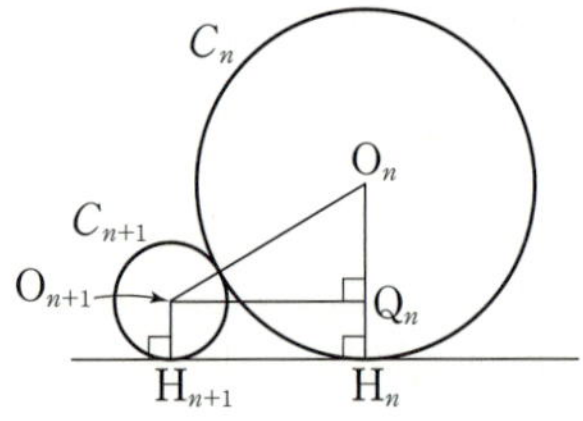

점 O_{n+1}에서 선분 O_nH_n에 내린 수선의 발을 Q_n이라 하면
삼각형 $O_nO_{n+1}Q_n$에서
$\overline{O_nO_{n+1}}=a_n+a_{n+1}$, $\overline{O_nQ_n}=a_n-a_{n+1}$이고,
$\angle O_nO_{n+1}Q_n=\dfrac{\pi}{6}$이므로

$$\sin\dfrac{\pi}{6}=\dfrac{\overline{O_nQ_n}}{\overline{O_nO_{n+1}}}$$

$\dfrac{1}{2}=\dfrac{a_n-a_{n+1}}{a_n+a_{n+1}}$에서 $a_{n+1}=\dfrac{1}{3}a_n$

따라서 $p=2$, $q=\dfrac{1}{3}$이므로

$$24(p+q)=24\times\left(2+\dfrac{1}{3}\right)$$
$$=48+8=56$$

10

(i) $n=1$일 때,

(좌변)$=4$, (우변)$=4$이므로 (*)이 성립한다.

(ii) $n=k$일 때, (*)이 성립한다고 가정하면

$$\dfrac{1\times2^2}{2k^2-1}+\dfrac{5\times4^2}{2k^2-1}+\dfrac{9\times6^2}{2k^2-1}+\cdots+\dfrac{(4k-3)\times(2k)^2}{2k^2-1}$$
$$=2k(k+1)$$

이다. 이때

$$1\times2^2+5\times4^2+9\times6^2+\cdots$$
$$+(4k-3)\times(2k)^2+(4k+1)\times(2k+2)^2$$
$$=\boxed{2k(k+1)(2k^2-1)}+(4k+1)\times(2k+2)^2$$
$$=2(k+1)(2k^3+8k^2+9k+2)$$
$$=2(k+1)\times(k+2)\times\{2\times(\boxed{k^2+2k})+1\}$$
$$=2(k+1)(k+2)\{2(k+1)^2-1\}$$

이므로

$$\dfrac{1\times2^2}{2(k+1)^2-1}+\dfrac{5\times4^2}{2(k+1)^2-1}+\dfrac{9\times6^2}{2(k+1)^2-1}+\cdots$$
$$+\dfrac{(4k+1)\times\{2(k+1)\}^2}{2(k+1)^2-1}$$
$$=2(k+1)(k+2)$$

이다. 따라서 $n=k+1$일 때도 (*)이 성립한다.

(i), (ii)에 의하여 모든 자연수 n에 대하여

$$\dfrac{1\times2^2}{2n^2-1}+\dfrac{5\times4^2}{2n^2-1}+\dfrac{9\times6^2}{2n^2-1}+\cdots+\dfrac{(4n-3)\times(2n)^2}{2n^2-1}$$
$$=2n(n+1)$$

이다.

이상에서 $f(k)=2k(k+1)(2k^2-1)$, $g(k)=k^2+2k$이므로

$$\dfrac{f(5)}{g(3)}=\dfrac{10\times6\times49}{15}=196$$

1 ②	**2** ④	**3** ①	**4** ①
5 ①	**6** 185	**7** ⑤	**8** ④
9 35	**10** ⑤		

1

$$\left(\dfrac{1}{2}\right)^{\log_3 3}\times9^{\log_3 6}=3^{\log_3\frac{1}{2}}\times6^{\log_3 9}$$
$$=3^{-1}\times6^2$$
$$=12$$

2

부등식 $8^{x-5}\leq\left(\dfrac{1}{4}\right)^{x-3}$에서

$2^{3x-15}\leq2^{-2x+6}$

밑 2가 $2>1$이므로

$3x-15\leq-2x+6$

$5x\leq21$

$x\leq\dfrac{21}{5}$

따라서 주어진 부등식을 만족시키는 자연수 x는 1, 2, 3, 4이고, 그 개수는 4이다.

3

$a^2b^{-3}=1$의 양변에 밑이 b인 로그를 취하면

$\log_b a^2b^{-3}=\log_b 1$이므로 $\log_b a^2+\log_b b^{-3}=0$

$2\log_b a=3$, $\log_b a=\dfrac{3}{2}$

$\log_b(a^m\times\sqrt{b^n})=m\log_b a+\dfrac{n}{2}=\dfrac{3m+n}{2}=10$

$3m+n=20$을 만족시키는 두 자연수 m, n의 순서쌍 (m, n)은

$(1, 17)$, $(2, 14)$, $(3, 11)$, $(4, 8)$, $(5, 5)$, $(6, 2)$

이므로 $m+n$의 최솟값은 $6+2=8$이다.

4

$x>0$에서 함수 $y=f(x)$의 그래프가 함수 $y=g(x)$의 그래프보다 위쪽에 있는 경우는 다음과 같다.

(i) $a>1$일 때, $a>b>1$인 경우

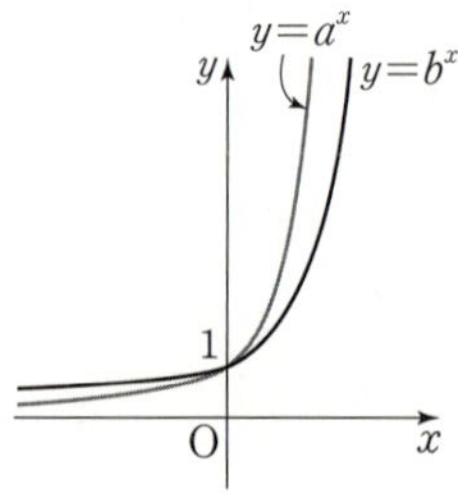

(ii) $a>1$일 때, $0<b<1<a$인 경우

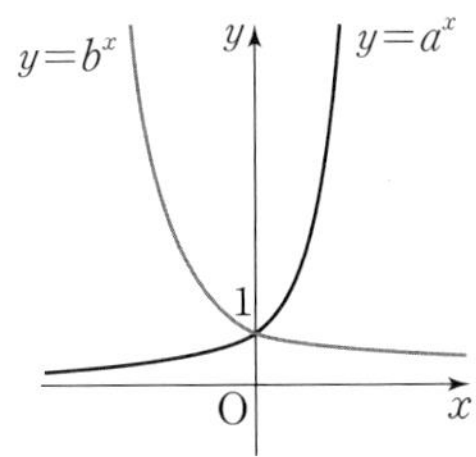

(iii) $0<a<1$일 때, $0<b<a<1$인 경우

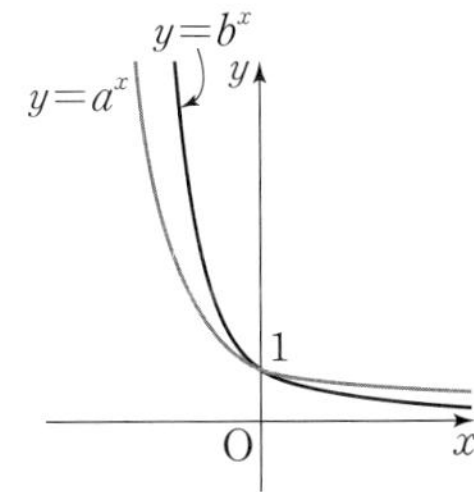

ㄱ. $a>1$이면 (i), (ii)의 경우와 같으므로
　　$a>b>1$ 또는 $0<b<1<a$이다. (거짓)
ㄴ. $0<a<1$이면 (iii)의 경우와 같으므로
　　$0<b<a<1$이다. (참)
ㄷ. $ab<1$이면 $0<a<1$이거나 $0<b<1$이어야 한다.
　　$0<a<1$일 때, (iii)의 경우와 같으므로
　　$0<b<a<1$
　　$0<b<1$일 때, (ii), (iii)의 경우와 같으므로
　　$0<a<1$ 또는 $a>1$ (거짓)
이상에서 옳은 것은 ㄴ이다.

참고

ㄷ. [반례] $f(x)=2^x$, $g(x)=\left(\dfrac{1}{3}\right)^x$

5

함수 $y=a\cos(bx)+2$의 그래프는 함수 $y=a\cos(bx)$의 그래프를 y축의 방향으로 2만큼 평행이동한 것이다.
$a>0$이므로 함수 $y=a\cos(bx)+2$는 $\cos(bx)=1$일 때 최댓값 $a+2$를 갖는다.
주어진 그림에서 $a+2=5$이므로 $a=3$
한편, 함수 $f(x)=a\cos(bx)+2$의 주기는 $\dfrac{2\pi}{b}$이고 주어진 그림에서
$$\dfrac{2\pi}{b}=\dfrac{\pi}{2}$$
이므로 $b=4$
따라서 $f(x)=3\cos 4x+2$이므로
$$\begin{aligned}
f\left(\dfrac{11}{6}\pi\right)&=3\cos\dfrac{22}{3}\pi+2\\
&=3\cos\left(6\pi+\dfrac{4}{3}\pi\right)+2\\
&=3\cos\dfrac{4}{3}\pi+2\\
&=3\cos\left(\pi+\dfrac{\pi}{3}\right)+2\\
&=3\times\left(-\cos\dfrac{\pi}{3}\right)+2\\
&=3\times\left(-\dfrac{1}{2}\right)+2=\dfrac{1}{2}
\end{aligned}$$

6

함수 $y=\sin(n\pi x)$의 주기는 $\dfrac{2\pi}{n\pi}=\dfrac{2}{n}$

(i) $0\le x<2$, 즉 $n=1$일 때, $f(x)=\sin(\pi x)$이다.
　　방정식 $2f(x)-1=0$에서 $\sin(\pi x)=\dfrac{1}{2}$
　　$0\le x<2$에서 방정식 $\sin(\pi x)=\dfrac{1}{2}$의 실근 중 가장 작은 것이 α
　　이므로 $\alpha=\dfrac{1}{6}$

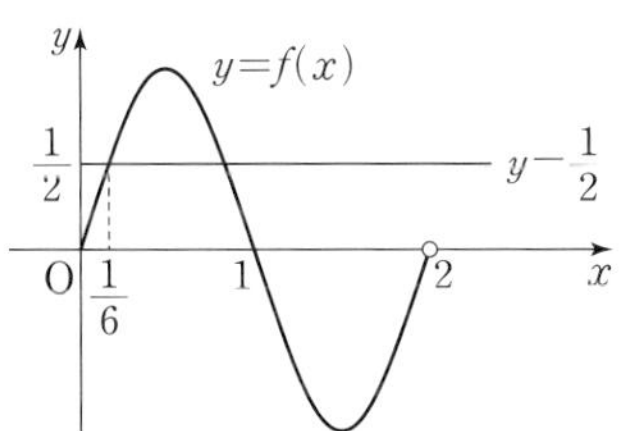

(ii) $6\le x<8$, 즉 $n=4$일 때, $f(x)=\sin(4\pi x)$이다.
　　방정식 $2f(x)-1=0$에서 $\sin(4\pi x)=\dfrac{1}{2}$
　　$6\le x<8$에서 방정식 $\sin(4\pi x)=\dfrac{1}{2}$의 실근 중 가장 큰 것이 β이
　　므로 $\beta=6+\dfrac{3}{2}+\dfrac{5}{24}=\dfrac{185}{24}$

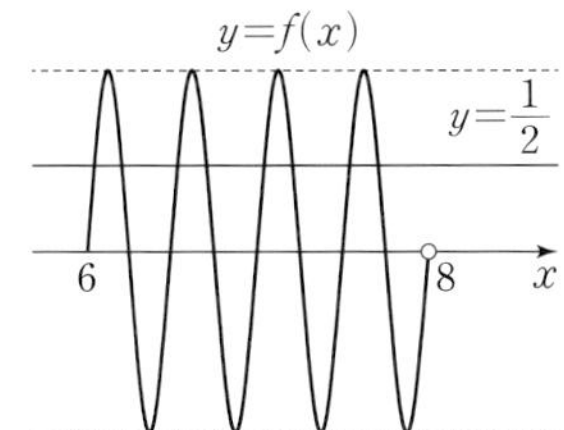

(i), (ii)에서 $\dfrac{4\beta}{\alpha}=\dfrac{4\times\dfrac{185}{24}}{\dfrac{1}{6}}=185$

7

$\angle\mathrm{BAC}=\theta\left(0<\theta<\dfrac{\pi}{2}\right)$라 하자.
삼각형 ABC의 넓이는
$$\dfrac{1}{2}\times\overline{\mathrm{AB}}\times\overline{\mathrm{AC}}\times\sin\theta=\dfrac{1}{2}\times5\times5\times\sin\theta=\dfrac{25}{2}\sin\theta$$
이므로
$$\dfrac{25}{2}\sin\theta=10에서 \sin\theta=\dfrac{4}{5}$$
이때 $0<\theta<\dfrac{\pi}{2}$이므로
$$\cos\theta=\sqrt{1-\sin^2\theta}=\sqrt{1-\left(\dfrac{4}{5}\right)^2}=\dfrac{3}{5}$$
삼각형 ABC에서 코사인법칙에 의하여
$$\begin{aligned}
\overline{\mathrm{BC}}^2&=\overline{\mathrm{AB}}^2+\overline{\mathrm{AC}}^2-2\times\overline{\mathrm{AB}}\times\overline{\mathrm{AC}}\times\cos\theta\\
&=5^2+5^2-2\times5\times5\times\dfrac{3}{5}\\
&=20
\end{aligned}$$
이므로 $\overline{\mathrm{BC}}=2\sqrt{5}$

삼각형 ABC의 외접원의 반지름의 길이를 R라 하면 사인법칙에 의하여 $\dfrac{\overline{BC}}{\sin\theta}=2R$이므로

$$R=\frac{1}{2}\times\frac{\overline{BC}}{\sin\theta}=\frac{1}{2}\times\frac{2\sqrt5}{\frac{4}{5}}=\frac{5\sqrt5}{4}$$

즉, $\overline{OA}=\overline{OB}=\overline{OC}=\dfrac{5\sqrt5}{4}$

삼각형 ABC가 이등변삼각형이므로 선분 OA는 $\angle BAC$를 이등분한다.

즉, $\angle OAC=\dfrac{1}{2}\angle BAC=\dfrac{\theta}{2}$이고, 삼각형 OCA는 이등변삼각형이므로 $\angle OCA=\dfrac{\theta}{2}$이다.

$$\begin{aligned}\angle AOC&=\pi-(\angle OAC+\angle OCA)\\&=\pi-\left(\frac{\theta}{2}+\frac{\theta}{2}\right)\\&=\pi-\theta\end{aligned}$$

따라서 삼각형 OCM에서 코사인법칙에 의하여

$$\begin{aligned}\overline{CM}^2&=\overline{OC}^2+\overline{OM}^2-2\times\overline{OC}\times\overline{OM}\times\cos(\pi-\theta)\\&=\left(\frac{5\sqrt5}{4}\right)^2+\left(\frac{5\sqrt5}{8}\right)^2+2\times\frac{5\sqrt5}{4}\times\frac{5\sqrt5}{8}\times\frac{3}{5}\\&=\frac{925}{64}\end{aligned}$$

이므로 $\overline{CM}=\dfrac{5\sqrt{37}}{8}$

8

등비수열 $\{a_n\}$의 첫째항을 a, 공비를 r라 하면

$a_3=6$에서 $ar^2=6$ $\qquad$ ······ ㉠

$a_6=162$에서 $ar^5=162$ $\qquad$ ······ ㉡

㉡÷㉠을 하면 $r^3=27$이므로 $r=3$

㉠에서 $a\times3^2=6$, $a=\dfrac{2}{3}$

즉, $a_n=\dfrac{2}{3}\times3^{n-1}$

따라서

$$S_{10}=\frac{\frac{2}{3}\times(3^{10}-1)}{3-1}=\frac{1}{3}\times(3^{10}-1)=3^9-\frac{1}{3}$$이므로

$$\log_3\left(S_{10}+\frac{1}{3}\right)=\log_3 3^9=9$$

9

등차수열 $\{a_n\}$의 공차가 d $(3<d<30)$이고 첫째항이 -30이므로

$a_1<a_k<0\le a_{k+1}<a_{k+2}<\cdots$

을 만족시키는 자연수 k $(k\ge2)$가 존재하고, S_n의 최솟값은 S_k이다.

이때

$S_k\le S_{k+1}<0$

이고, $S_{k+1}<0\le S_p<S_{p+1}<\cdots$

을 만족시키는 자연수 p가 존재하므로

$|S_l|=|S_{l+7}|=|S_m|$을 만족시키는 서로 다른 세 자연수 l, $l+7$, m $(m>l+7)$이 존재하기 위해서는

$l<k<l+7<p<m$

즉, $S_l<0$, $S_{l+7}<0$, $S_m>0$

이어야 하므로

$S_l=S_{l+7}=-S_m$

$S_l=S_{l+7}$에서

$$\frac{l\{-60+(l-1)d\}}{2}=\frac{(l+7)\{-60+(l+6)d\}}{2}$$

$dl^2-dl-60l=dl^2+13dl-60l+42d-420$

$14dl+42d=420$

$d(l+3)=30$

이므로 d와 $l+3$은 30의 양의 약수이다.

d는 3보다 크고 30보다 작은 자연수이고, $l+3$은 3보다 크므로

$d=5$, $l+3=6$ 또는 $d=6$, $l+3=5$

(i) $d=5$, $l+3=6$일 때

$l=3$이므로

$$S_3=\frac{3(-60+2\times5)}{2}=-75$$

이때 $S_m=75$이어야 하므로

$$\begin{aligned}S_m&=\frac{m\{-60+(m-1)\times5\}}{2}\\&=\frac{5m^2-65m}{2}=75\end{aligned}$$

$5m^2-65m-150=0$

$m^2-13m-30=0$

$(m+2)(m-15)=0$

$m=-2$ 또는 $m=15$

m은 자연수이므로 $m=15$

(ii) $d=6$, $l+3=5$일 때

$l=2$이므로

$$S_2=\frac{2(-60+1\times6)}{2}=-54$$

이때 $S_m=54$이어야 하므로

$$\begin{aligned}S_m&=\frac{m\{-60+(m-1)\times6\}}{2}\\&=\frac{6m^2-66m}{2}=54\end{aligned}$$

$6m^2-66m-108=0$

$m^2-11m-18=0$ $\qquad$ ······ ㉠

방정식 ㉠을 만족시키는 자연수 m은 없다.

(i), (ii)에서 $d=5$, $l=3$, $l+7=10$, $m=15$이므로

$a_l=a_3=-30+(3-1)\times5=-20$

$a_{l+7}=a_{10}=-30+(10-1)\times5=15$

$a_m=a_{15}=-30+(15-1)\times5=40$

따라서

$$\begin{aligned}a_l+a_{l+7}+a_m&=-20+15+40\\&=35\end{aligned}$$

10

(i) $n=1$일 때

$A_1=\{2,\ 3,\ 4,\ 5,\ 6,\ 7,\ 8\}$,

$B_1=\{1,\ 2,\ 3,\ 4,\ 5,\ 6\}$이므로

$(A_1-B_1)\cup(B_1-A_1)=\{1,\ 7,\ 8\}$

즉, $a_1=1$

(ii) $n=2$일 때

$A_2=\{6,\ 7,\ 8,\ 9,\ 10,\ 11,\ 12\}$,

$B_2=\{6,\ 7,\ 8,\ 9,\ 10,\ 11\}$이므로

$(A_2-B_2)\cup(B_2-A_2)=\{12\}$

즉, $a_2=12$

(iii) $n\geq3$일 때

집합 A_n의 원소의 최솟값 (n^2+n)과 집합 B_n의 원소의 최솟값

$(2n^2-n)$을 비교하면

$(2n^2-n)-(n^2+n)=n^2-2n=n(n-2)$

$n\geq3$일 때 $n(n-2)>0$이므로

$n^2+n<2n^2-n$

즉, 집합 $(A_n-B_n)\cup(B_n-A_n)$의 원소의 최솟값은 항상 n^2+n

이므로

$a_n=n^2+n$

(i), (ii), (iii)에서

$$\sum_{n=1}^{20}\frac{1}{a_n}=\frac{1}{a_1}+\frac{1}{a_2}+\sum_{n=3}^{20}\frac{1}{a_n}$$

$$=1+\frac{1}{12}+\sum_{n=3}^{20}\frac{1}{n^2+n}$$

$$=\frac{13}{12}+\sum_{n=3}^{20}\frac{1}{n(n+1)}$$

$$=\frac{13}{12}+\sum_{n=3}^{20}\left(\frac{1}{n}-\frac{1}{n+1}\right)$$

$$=\frac{13}{12}+\left(\frac{1}{3}-\frac{1}{4}\right)+\left(\frac{1}{4}-\frac{1}{5}\right)+\left(\frac{1}{5}-\frac{1}{6}\right)+\cdots$$

$$+\left(\frac{1}{20}-\frac{1}{21}\right)$$

$$=\frac{13}{12}+\left(\frac{1}{3}-\frac{1}{21}\right)$$

$$=\frac{13}{12}+\frac{2}{7}$$

$$=\frac{115}{84}$$

07회 미니모의고사

본문 28~31쪽

1 ②	**2** ②	**3** ①	**4** 3
5 150	**6** ④	**7** ②	**8** ⑤
9 ①	**10** 20		

1

$\sqrt[3]{-27}$은 방정식 $x^3=-27$의 실근이다.

한편, 이 방정식의 실근은 1개이므로

$x=-3$

즉, $\sqrt[3]{-27}=-3$

또 $\sqrt[4]{(-2)^4}=\sqrt[4]{2^4}$이므로 이 수는 방정식 $x^4=2^4$의 실근 중 양수이다.

한편, 방정식 $x^4=2^4$의 실근은 -2, 2이므로

$x=2$

즉, $\sqrt[4]{(-2)^4}=2$

따라서 $\sqrt[3]{-27}+\sqrt[4]{(-2)^4}=(-3)+2=-1$

2

$\log_{(x-2)}\{-x^2+(2a+3)x-a(a+3)\}$이 정의되기 위해서는 밑의

조건 $x-2\neq1$, $x-2>0$과 진수의 조건

$-x^2+(2a+3)x-a(a+3)>0$을 모두 만족시켜야 한다.

밑의 조건에 의하여 $x\neq3$, $x>2$ $\qquad\cdots\cdots$ ㉠

진수의 조건에 의하여

$-x^2+(2a+3)x-a(a+3)=-(x-a)\{x-(a+3)\}>0$

$(x-a)\{x-(a+3)\}<0$에서

$a<x<a+3$ $\qquad\cdots\cdots$ ㉡

a가 자연수이므로 ㉡을 만족시키는 자연수 x의 값은 $a+1$, $a+2$이다.

(i) $a+1=4$일 때

$a=3$이므로 ㉠, ㉡에 의하여 $3<x<6$이므로 주어진 로그의 값이

정의되도록 하는 자연수 x의 값은 4, 5이다.

즉, 조건을 만족시키지 않는다.

(ii) $a+2=4$일 때

$a=2$이므로 ㉠, ㉡에 의하여 $2<x<5$, $x\neq3$이므로 주어진 로그

의 값이 정의되도록 하는 자연수 x의 값은 4뿐이다.

즉, 조건을 만족시킨다.

(i), (ii)에 의하여 $a=2$

3

로그의 진수 조건에 의하여

$f(x)>0$, $g(x)>0$ $\qquad\cdots\cdots$ ㉠

$\log_{\frac{1}{2}}f(x)>2\log_{\frac{1}{4}}g(x)$에서

$\log_{\frac{1}{2}}f(x)>\log_{\frac{1}{4}}\{g(x)\}^2$

$\log_{\frac{1}{2}}f(x)>\log_{\left(\frac{1}{2}\right)^2}\{g(x)\}^2$

$\log_{\frac{1}{2}}f(x)>\log_{\frac{1}{2}}g(x)$

$f(x)<g(x)$ $\qquad\cdots\cdots$ ㉡

㉠, ㉡을 모두 만족시키는 x의 값의 범위는

$6<x<9$

따라서 부등식을 만족시키는 정수 x는 7, 8이고, 그 개수는 2이다.

4

$y=a^x-1$에서 $a^x=y+1$, $x=\log_a(y+1)$

x와 y를 서로 바꾸면 $y=\log_a(x+1)$

따라서 함수 $y=a^x-1$의 역함수는 $y=\log_a(x+1)$이다.

$a>1$이므로 두 함수 $y=a^x-1$, $y=\log_a(x+1)$은 모두 증가함수이고, 서로 역함수 관계이므로 두 함수의 그래프의 교점은 직선 $y=x$ 위에 있다.

$\mathrm{P}(t,\ t)\ (t>0)$이라 하면 $\overline{\mathrm{OP}}=\sqrt{t^2+t^2}=t\sqrt{2}$

$t\sqrt{2}=8\sqrt{2}$에서 $t=8$

점 $\mathrm{P}(8,\ 8)$이 함수 $y=a^x-1$의 그래프 위의 점이므로

$a^8-1=8$, $a^8=9$

따라서 $a^4=(a^8)^{\frac{1}{2}}=9^{\frac{1}{2}}=3$

5

부채꼴의 호의 길이를 l이라 하면 부채꼴의 둘레의 길이는 $2r+l$이고, 조건 (가)에서 부채꼴의 둘레의 길이가 $\frac{7}{2}r$와 같으므로

$2r+l=\frac{7}{2}r$에서 $l=\frac{3}{2}r$

이때 $l=r\theta$이므로 $r\theta=\frac{3}{2}r$에서 $\theta=\frac{3}{2}$

부채꼴의 넓이는

$\frac{1}{2}rl=\frac{1}{2}r\times\frac{3}{2}r=\frac{3}{4}r^2$

이고, 조건 (나)에서 부채꼴의 넓이가 27이므로

$\frac{3}{4}r^2=27$에서 $r^2=36$

$r>0$이므로 $r=6$

따라서 $20(r+\theta)=20\left(6+\frac{3}{2}\right)=20\times\frac{15}{2}=150$

6

$\angle\mathrm{APB}=\theta$로 놓으면 $\angle\mathrm{APC}=\pi-\theta$

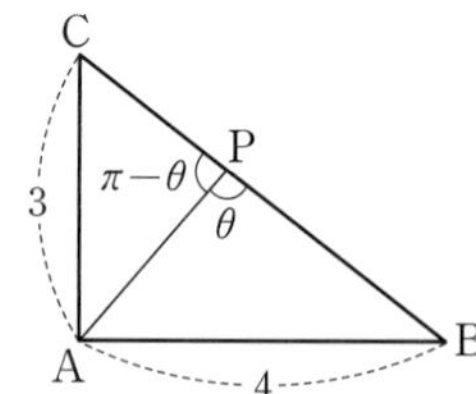

삼각형 ABP와 삼각형 APC의 외접원의 반지름의 길이를 각각 R_1, R_2라 하면 사인법칙에 의하여

$\dfrac{4}{\sin\theta}=2R_1$, $\dfrac{3}{\sin(\pi-\theta)}=2R_2$

이때 $\sin(\pi-\theta)=\sin\theta$이므로

$R_1:R_2=4:3$

따라서 삼각형 ABP와 삼각형 APC의 외접원의 넓이의 비는

$S_1:S_2=\pi R_1^2:\pi R_2^2$
$\qquad\quad=4^2:3^2=16:9$

7

$\angle\mathrm{DAB}=\dfrac{2}{3}\pi$이므로 $\angle\mathrm{OAB}=\dfrac{\pi}{3}$

삼각형 OAB에서 $\overline{\mathrm{OA}}=\overline{\mathrm{OB}}$이므로

삼각형 OAB는 정삼각형이고, 한 변의 길이는 사각형 ABCD의 외접원의 반지름의 길이와 같다.

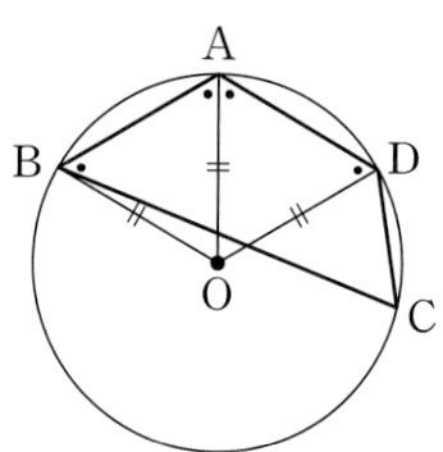

마찬가지로 삼각형 ODA는 정삼각형이고, 한 변의 길이가 사각형 ABCD의 외접원의 반지름의 길이와 같으므로

$\overline{\mathrm{AB}}=\overline{\mathrm{AD}}$

$\overline{\mathrm{AB}}=\overline{\mathrm{AD}}=x$라 하면 $\overline{\mathrm{BD}}=2\sqrt{3}$이므로

삼각형 ABD에서 코사인법칙에 의하여

$(2\sqrt{3})^2=x^2+x^2-2x^2\times\cos\dfrac{2}{3}\pi$

$3x^2=12$, $x^2=4$

$x>0$이므로 $x=2$

즉, $\overline{\mathrm{AB}}=\overline{\mathrm{AD}}=2$이므로 삼각형 ABD의 넓이는

$\dfrac{1}{2}\times2\times2\times\sin\dfrac{2}{3}\pi=\sqrt{3}$ …… ㉠

사각형 ABCD는 원에 내접하는 사각형이므로

$\angle\mathrm{BAD}+\angle\mathrm{BCD}=\pi$에서

$\angle\mathrm{BCD}=\dfrac{\pi}{3}$

삼각형 BCD에서 $\overline{\mathrm{BC}}=y$, $\overline{\mathrm{CD}}=z$라 하면

코사인법칙에 의하여

$(2\sqrt{3})^2=y^2+z^2-2yz\times\cos\dfrac{\pi}{3}$
$\qquad\quad=y^2+z^2-yz$
$\qquad\quad=(y+z)^2-3yz$

$y+z=4\sqrt{2}$이므로

$(2\sqrt{3})^2=(4\sqrt{2})^2-3yz$

$yz=\dfrac{20}{3}$

즉, $\overline{\mathrm{BC}}\times\overline{\mathrm{CD}}=\dfrac{20}{3}$이므로 삼각형 BCD의 넓이는

$\dfrac{1}{2}\times\overline{\mathrm{BC}}\times\overline{\mathrm{CD}}\times\sin\dfrac{\pi}{3}=\dfrac{1}{2}\times\dfrac{20}{3}\times\dfrac{\sqrt{3}}{2}$
$\qquad\qquad\qquad\qquad=\dfrac{5\sqrt{3}}{3}$ …… ㉡

㉠, ㉡에서 사각형 ABCD의 넓이는

$\sqrt{3}+\dfrac{5\sqrt{3}}{3}=\dfrac{8\sqrt{3}}{3}$

8

이차방정식의 근과 계수의 관계에 의하여

$a_n=\dfrac{n^2-12n}{n}=n-12$, $b_n=-\dfrac{8}{n}$

따라서

$$\sum_{k=1}^{15}\frac{a_k}{b_k}=\sum_{k=1}^{15}\frac{k-12}{-\dfrac{8}{k}}=\sum_{k=1}^{15}\left(-\frac{k^2}{8}+\frac{3k}{2}\right)$$

$$=-\frac{1}{8}\sum_{k=1}^{15}k^2+\frac{3}{2}\sum_{k=1}^{15}k$$

$$=-\frac{1}{8}\times\frac{15\times16\times31}{6}+\frac{3}{2}\times\frac{15\times16}{2}$$

$$=-155+180$$

$$=25$$

9

$a_1=5$

$a_2=a_1-1=4$

$a_3=2a_1-3=7$

$a_4=a_2-1=3$

$a_5=2a_2-3=5$

$a_6=a_3-1=6$

에서 $3\le n\le5$일 때, $3\le a_n\le7$ $\quad\cdots\cdots$ ㉠

$a_{2n}=a_n-1$, $a_{2n+1}=2a_n-3$이므로 ㉠에 의하여

$6\le n\le11$일 때, $2\le a_n\le11$

$a_{12}=a_6-1=6-1=5$이므로

$6\le n\le12$일 때, $2\le a_n\le11$ $\quad\cdots\cdots$ ㉡

$a_{2n}=a_n-1$, $a_{2n+1}=2a_n-3$이므로 ㉡에 의하여

$12\le n\le25$일 때, $1\le a_n\le19$ $\quad\cdots\cdots$ ㉢

$a_{2n}=a_n-1$, $a_{2n+1}=2a_n-3$이므로 ㉢에 의하여

$24\le n\le51$일 때, $-1\le a_n\le35$

㉠에서 $a_n=7$, 즉 $a_3=7$일 때,

$a_7=2a_3-3=11$, $a_{15}=2a_7-3=19$,

$a_{31}=2a_{15}-3=35$

따라서 집합 A의 원소의 값 중 최댓값은 35이다.

10

등차수열 $\{a_n\}$의 첫째항을 a, 공차를 d라 하자.

모든 항이 0이 아니므로 $a_9\times a_{16}>0$인 경우와 $a_9\times a_{16}<0$인 경우로 나누어 생각한다.

(ⅰ) $a_9\times a_{16}>0$인 경우

$$\frac{a_6\times a_8}{2}=a_9\times a_{16}$$

$$\frac{(a+5d)(a+7d)}{2}=(a+8d)(a+15d)$$

$a^2+34ad+205d^2=0$에서

$a=-17d\pm2\sqrt{21d^2}$

이므로 이를 만족시키는 0이 아닌 정수 a, d는 존재하지 않는다.

(ⅱ) $a_9\times a_{16}<0$인 경우

$$\frac{a_6\times a_8}{2}=-(a_9\times a_{16})$$

$$\frac{(a+5d)(a+7d)}{2}=-(a+8d)(a+15d)$$

$3a^2+58ad+275d^2=0$

$(3a+25d)(a+11d)=0$

$a=-\dfrac{25}{3}d$ 또는 $a=-11d$

이때 $a_{11}\times a_{12}=|S_{16}|$에서

$$(a+10d)(a+11d)=\left|\frac{16\times(a_1+a_{16})}{2}\right|$$

$$(a+10d)(a+11d)=|8(2a+15d)|$$

$a=-11d$이면 $2a+15d=0$에서 $a=d=0$이므로 조건을 만족시키지 않는다.

$a=-\dfrac{25}{3}d$이면 $\dfrac{5}{3}d\times\dfrac{8}{3}d=\left|-\dfrac{40}{3}d\right|$에서

$d=-3$ 또는 $d=3$

(ⅰ), (ⅱ)에 의하여 $a_{16}=a+15d=-\dfrac{25}{3}d+15d=\dfrac{20}{3}d$이므로

$a_{16}=-20$ 또는 $a_{16}=20$

즉, $|a_{16}|=20$

08회 미니모의고사

1 ①	**2** ②	**3** 22	**4** ②
5 ⑤	**6** ③	**7** 11	**8** ③
9 ③	**10** 9		

1

$$\log_3 4 - 2\log_3 6 = \log_3 4 - \log_3 6^2$$
$$= \log_3 \frac{4}{36} = \log_3 3^{-2} = -2$$

2

$6^x = 27$에서 $27^{\frac{1}{x}} = 6$

$4^y = 27$에서 $27^{\frac{1}{y}} = 4$

따라서

$$27^{\frac{2}{x} - \frac{1}{y}} = \frac{(27^{\frac{1}{x}})^2}{27^{\frac{1}{y}}} = \frac{6^2}{4} = 9$$

이므로 $3^{3\left(\frac{2}{x} - \frac{1}{y}\right)} = 3^2$

즉, $3\left(\dfrac{2}{x} - \dfrac{1}{y}\right) = 2$이므로

$$\frac{2}{x} - \frac{1}{y} = \frac{2}{3}$$

3

점 A의 좌표는 $(0, 1)$이므로 점 B의 좌표는 $(m, 1+n)$이다.
점 B는 직선 $y = x+1$ 위의 점이므로 $1+n = m+1$에서 $m = n$이다.
함수 $y = 2^x$의 그래프도 y축과 점 A에서 만나므로 $g(x) = 2^{x-m} + n$이라 하면 함수 $y = g(x)$의 그래프도 점 $B(m, 1+n)$을 지난다. 또한 함수 $y = g(x)$의 역함수가 $y = \log_2 (x-n) + m$이고 기울기가 -1인 직선이 두 함수 $y = g(x)$, $y = \log_2 (x-n) + m$의 그래프와 만나는 점이 각각 B, C이므로 두 점 B, C는 직선 $y = x$에 대하여 대칭이다.

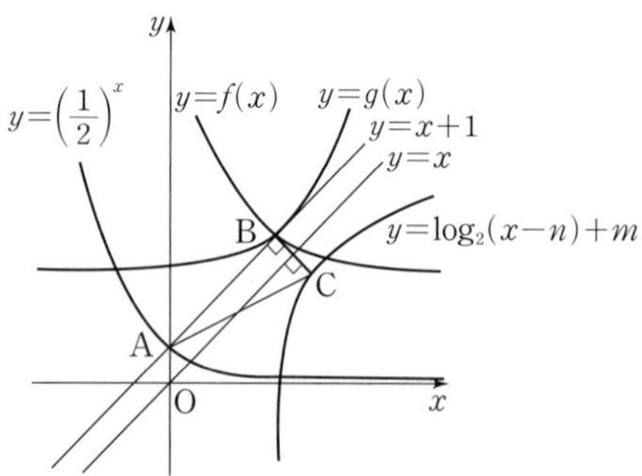

즉, 두 점 B, C의 좌표는 각각 $(m, m+1)$, $(m+1, m)$이므로
$$\overline{BC} = \sqrt{1^2 + (-1)^2} = \sqrt{2}$$
두 직선 AB, BC의 기울기의 곱은 -1이므로 삼각형 ABC에서 $\angle B = 90°$이다.
$m > 0$이고 삼각형 ABC의 넓이가 6이므로
$$\frac{1}{2} \times \overline{AB} \times \overline{BC} = \frac{1}{2} \times \sqrt{2}m \times \sqrt{2} = m = 6$$

따라서 $f(x) = \left(\dfrac{1}{2}\right)^{x-6} + 6$이므로

$$f(2) = \left(\frac{1}{2}\right)^{-4} + 6 = 16 + 6 = 22$$

4

함수 $y = 2^{x-1} + 3$의 그래프는 함수 $y = 2^x$의 그래프를 x축의 방향으로 1만큼, y축의 방향으로 3만큼 평행이동한 것이다.

또 $y = -\dfrac{2}{2^x} + 3$에서

$y = -2 \times 2^{-x} + 3 = -2^{-(x-1)} + 3$이므로

함수 $y = -\dfrac{2}{2^x} + 3$의 그래프는 함수 $y = -2^{-x}$의 그래프를 x축의 방향으로 1만큼, y축의 방향으로 3만큼 평행이동한 것이다.

한편, 네 점 A, B, C, D를 x축의 방향으로 -1만큼, y축의 방향으로 -3만큼 평행이동한 점을 각각 A′, B′, C′, D′이라 하면 그림과 같이 두 점 A′, B′은 함수 $y = 2^x$의 그래프 위에 있고 두 점 C′, D′은 함수 $y = -2^{-x}$의 그래프 위에 있다.

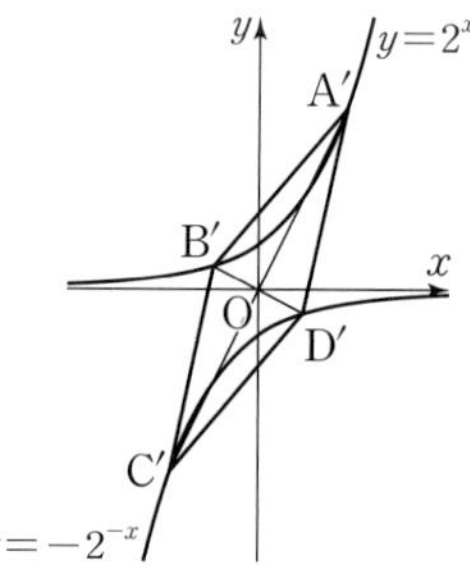

조건 (가)에서 사각형 ABCD가 평행사변형이므로 사각형 A′B′C′D′도 평행사변형이다.

또 조건 (나)에서 삼각형 ABD의 무게중심의 x좌표는 $\dfrac{5}{3}$,

삼각형 ABC의 무게중심의 x좌표는 $\dfrac{2}{3}$이므로

삼각형 A′B′D′의 무게중심의 x좌표는 $\dfrac{5}{3} - 1 = \dfrac{2}{3}$,

삼각형 A′B′C′의 무게중심의 x좌표는 $\dfrac{2}{3} - 1 = -\dfrac{1}{3}$

한편, 두 함수 $y = 2^x$과 $y = -2^{-x}$의 그래프는 원점에 대하여 대칭이므로 $A'(m, 2^m)$, $B'(-n, 2^{-n})$ $(m > 0, n > 0)$으로 놓으면 $C'(-m, -2^m)$, $D'(n, -2^{-n})$

그러므로 두 삼각형 A′B′D′, A′B′C′의 무게중심의 x좌표는 각각

$$\frac{m + (-n) + n}{3} = \frac{2}{3}, \quad \frac{m + (-n) + (-m)}{3} = -\frac{1}{3}$$

즉, $m = 2$, $n = 1$

그러므로

$$A'(2, 4), \ B'\left(-1, \frac{1}{2}\right), \ C'(-2, -4), \ D'\left(1, -\frac{1}{2}\right)$$

한편, 두 직선 OA′, OB′의 기울기는 각각 2, $-\dfrac{1}{2}$이므로 두 직선은 수직이다.

또 선분 B′D′의 중점은 원점이므로 세 점 A′, B′, O를 지나는 원의 중심의 좌표는 선분 A′B′의 중점이다.

이때 선분 A′B′의 중점의 좌표는

$\left(\dfrac{2+(-1)}{2},\dfrac{4+\frac{1}{2}}{2}\right)$, 즉 $\left(\dfrac{1}{2},\dfrac{9}{4}\right)$

따라서 구하는 원의 중심의 좌표는

$\left(\dfrac{1}{2}+1,\dfrac{9}{4}+3\right)$, 즉 $\left(\dfrac{3}{2},\dfrac{21}{4}\right)$이므로 $a=\dfrac{3}{2}$, $b=\dfrac{21}{4}$에서

$\dfrac{b}{a}=\dfrac{7}{2}$

5

$\sin\theta=-\dfrac{\sqrt{7}}{4}$이고 $\sin^2\theta+\cos^2\theta=1$이므로

$\cos^2\theta=1-\sin^2\theta=1-\left(-\dfrac{\sqrt{7}}{4}\right)^2=\dfrac{9}{16}$

$\dfrac{3}{2}\pi<\theta<2\pi$일 때 $\cos\theta>0$이므로 $\cos\theta=\dfrac{3}{4}$

따라서 $\dfrac{2\cos\theta}{1+\cos\theta}=\dfrac{2\times\frac{3}{4}}{1+\frac{3}{4}}=\dfrac{6}{7}$

6

삼각형 ABC에서 $A+B+C=\pi$이므로

$\cos(A+B)=\cos(\pi-C)=-\cos C=-\dfrac{2\sqrt{2}}{3}$

즉, $\cos C=\dfrac{2\sqrt{2}}{3}$

$\sin C>0$이므로

$\sin C=\sqrt{1-\left(\dfrac{2\sqrt{2}}{3}\right)^2}=\dfrac{1}{3}$

따라서 삼각형 ABC의 넓이는

$\dfrac{1}{2}\times\overline{\mathrm{BC}}\times\overline{\mathrm{CA}}\times\sin C=\dfrac{1}{2}\times6\times4\times\dfrac{1}{3}=4$

7

삼각형 ABD에서 $\angle\mathrm{ABE}=30°$이고 정삼각형 ACD에서
$\angle\mathrm{ACD}=60°$이므로 원주각과 중심각의 관계에 의하여 점 C는 삼각형 ABD의 외접원의 중심이다.
그러므로 $\overline{\mathrm{AC}}=\overline{\mathrm{CD}}=\overline{\mathrm{AD}}=4$이고 삼각형 ABD에서 사인법칙에 의하여

$\dfrac{\overline{\mathrm{AD}}}{\sin 30°}=\dfrac{\overline{\mathrm{AB}}}{\sin(\angle\mathrm{ADB})}$, $\dfrac{4}{\frac{1}{2}}=\dfrac{6}{\sin(\angle\mathrm{ADB})}$

$\sin(\angle\mathrm{ADB})=6\times\dfrac{1}{2}\times\dfrac{1}{4}=\dfrac{3}{4}$

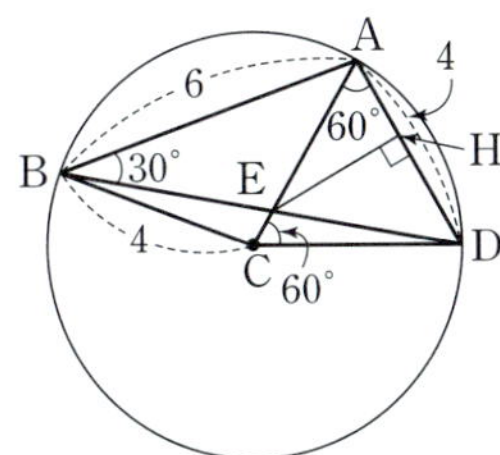

$\overline{\mathrm{AE}}=k\,(k>0)$이라 하고 꼭짓점 E에서 변 AD에 내린 수선의 발을 H라 하면

직각삼각형 AEH에서 $\overline{\mathrm{AH}}=k\cos 60°=\dfrac{k}{2}$

$\overline{\mathrm{DH}}=\overline{\mathrm{AD}}-\overline{\mathrm{AH}}=4-\dfrac{k}{2}$

$\sin(\angle\mathrm{ADE})=\dfrac{3}{4}$이므로

$\cos(\angle\mathrm{ADE})=\sqrt{1-\sin^2(\angle\mathrm{ADE})}=\dfrac{\sqrt{7}}{4}$

$\tan(\angle\mathrm{ADE})=\dfrac{\sin(\angle\mathrm{ADE})}{\cos(\angle\mathrm{ADE})}=\dfrac{3}{\sqrt{7}}$ $\cdots\cdots$ ㉠

한편, 직각삼각형 EHA에서

$\overline{\mathrm{EH}}=\sin 60°\times\overline{\mathrm{AE}}=\dfrac{\sqrt{3}}{2}k$

직각삼각형 EDH에서

$\tan(\angle\mathrm{EDH})=\dfrac{\overline{\mathrm{EH}}}{\overline{\mathrm{DH}}}=\dfrac{\frac{\sqrt{3}}{2}k}{4-\frac{k}{2}}$ $\cdots\cdots$ ㉡

$\angle\mathrm{ADE}=\angle\mathrm{EDH}$이므로 ㉠과 ㉡에서

$\dfrac{\frac{\sqrt{3}}{2}k}{4-\frac{k}{2}}=\dfrac{3}{\sqrt{7}}$, 즉 $k=\dfrac{24}{\sqrt{21}+3}=2(\sqrt{21}-3)=\overline{\mathrm{AE}}$

삼각형 AED의 외접원의 반지름의 길이를 R라 하면
삼각형 AED에서 사인법칙에 의하여

$\dfrac{\overline{\mathrm{AE}}}{\sin(\angle\mathrm{ADE})}=2R$에서 $\dfrac{2(\sqrt{21}-3)}{\frac{3}{4}}=2R$

따라서 $2R=\dfrac{8(\sqrt{21}-3)}{3}$에서 $p=3$, $q=8$이므로

$p+q=11$

8

등비수열 $\{a_n\}$의 공비를 r라 하면
$a_2a_4=3$이므로
$a_3a_5=a_2r\times a_4r=a_2a_4\times r^2=3r^2$
$a_3a_6=a_2r\times a_4r^2=a_2a_4\times r^3=3r^3$
$a_3a_5=a_3a_6-54$에서
$3r^2=3r^3-54$, $r^3-r^2-18=0$
$(r-3)(r^2+2r+6)=0$
이때 $r^2+2r+6=(r+1)^2+5>0$이므로 $r=3$
따라서 $a_1a_6=\dfrac{a_2}{r}\times a_4r^2=a_2a_4\times r=3r=9$

9

(ii) $n=m$일 때, $(*)$이 성립한다고 가정하면

$$\sum_{k=1}^{m}k(2m+1-k)=\dfrac{m(m+1)(2m+1)}{3}$$

이다. $n=m+1$일 때,

$$\sum_{k=1}^{m+1}k(2m+3-k)$$
$$=\sum_{k=1}^{m}k(2m+3-k)+\boxed{(m+1)(m+2)}$$

$$= \sum_{k=1}^{m} k(2m+1-k) + \boxed{\sum_{k=1}^{m} 2k} + \boxed{(m+1)(m+2)}$$

$$= \frac{m(m+1)(2m+1)}{3} + \boxed{m(m+1)} + \boxed{(m+1)(m+2)}$$

$$= \frac{m+1}{3}(2m^2+m+3m+3m+6)$$

$$= \frac{m+1}{3}(2m^2+7m+6)$$

$$= \frac{(m+1)(m+2)(2m+3)}{3}$$

따라서 $f(m)=(m+1)(m+2)$, $g(m)=m(m+1)$이므로
$f(4)+g(6)=5\times6+6\times7=72$

10

$a_{n+1}=a_n^2-2a_n$ ...... ㉠

㉠의 양변에 $n=4$를 대입하면

$a_5=a_4^2-2a_4$

$a_4=a_5$이므로

$a_4=a_4^2-2a_4$, $a_4^2-3a_4=0$

$a_4(a_4-3)=0$

$a_4=0$ 또는 $a_4=3$

그런데 수열 $\{a_n\}$의 모든 항이 0이 아닌 정수이므로

$a_4=3$

㉠의 양변에 $n=3$을 대입하면

$a_4=a_3^2-2a_3$이므로

$a_3^2-2a_3=3$, $a_3^2-2a_3-3=0$

$(a_3+1)(a_3-3)=0$

$a_3=-1$ 또는 $a_3=3$

㉠의 양변에 $n=2$를 대입하면

$a_3=a_2^2-2a_2$ ...... ㉡

(ⅰ) $a_3=-1$이면 ㉡에서

$a_2^2-2a_2=-1$, $a_2^2-2a_2+1=0$

$(a_2-1)^2=0$

$a_2=1$

㉠의 양변에 $n=1$을 대입하면

$a_2=a_1^2-2a_1$ ...... ㉢

$a_2=1$을 ㉢에 대입하면

$a_1^2-2a_1=1$, $a_1^2-2a_1-1=0$

그런데 이를 만족시키는 정수 a_1은 없다.

(ⅱ) $a_3=3$이면 ㉡에서

$a_2^2-2a_2=3$, $a_2^2-2a_2-3=0$

$(a_2+1)(a_2-3)=0$

$a_2=-1$ 또는 $a_2=3$

$a_2\neq a_3$이므로 $a_2=-1$

㉢에서

$a_1^2-2a_1=-1$, $a_1^2-2a_1+1=0$

$(a_1-1)^2=0$

$a_1=1$

(ⅰ), (ⅱ)에서 $a_1=1$, $a_2=-1$, $a_3=a_4=a_5=3$이므로

$\sum_{k=1}^{5} a_k=1+(-1)+3+3+3=9$

1 ③	2 36	3 ⑤	4 ④
5 ②	6 113	7 ③	8 ③
9 ④	10 19		

1

$$3^{\sqrt{3}+1} \times \frac{1}{9} = 3^{\sqrt{3}+1} \times 3^{-2}$$
$$= 3^{(\sqrt{3}+1)-2}$$
$$= 3^{\sqrt{3}-1}$$

따라서

$$\left(3^{\sqrt{3}+1} \times \frac{1}{9}\right)^{\sqrt{3}+1} = \left(3^{\sqrt{3}-1}\right)^{\sqrt{3}+1}$$
$$= 3^{(\sqrt{3}-1)(\sqrt{3}+1)}$$
$$= 3^{3-1}$$
$$= 3^2$$
$$= 9$$

2

$$\frac{1}{\log_2 a}=\log_a 2, \quad \frac{1}{\log_3 a}=\log_a 3, \quad \log_{25} a=\log_{5^2} a=\frac{1}{2}\log_5 a$$

이므로

$$\frac{1}{\log_2 a}+\frac{1}{\log_3 a}+\frac{\log_{25} a}{\log_5 a}=\log_a 2+\log_a 3+\frac{1}{2}=1$$

$$\log_a 2+\log_a 3=\frac{1}{2}$$

$$\log_a 6=\frac{1}{2}, \quad a^{\frac{1}{2}}=6$$

따라서 $a=6^2=36$

3

네 점 P, Q, R, S의 좌표는

P$(1, a)$, Q$(1, b)$, R$(2, a^2)$, S$(2, b^2)$

조건 (가)에서 $\overline{OR}<\overline{OS}$이므로

$\sqrt{4+a^4}<\sqrt{4+b^4}$, $a^4<b^4$에서 $a<b$

그러므로 두 함수 $y=a^x$, $y=b^x$의 그래프와 네 점 P, Q, R, S는 그림
과 같다.

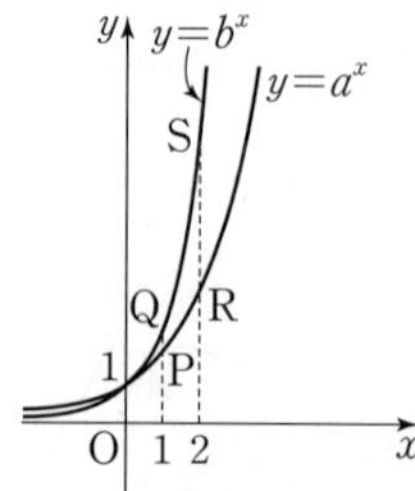

한편, 조건 (나)에서 네 점 P, Q, R, S를 꼭짓점으로 하는 사각형의
넓이가 7이므로

$$\frac{1}{2}\times1\times(\overline{PQ}+\overline{RS})=7$$

$$\frac{1}{2}\times\{(b-a)+(b^2-a^2)\}=7$$

$(b-a)+(b-a)(b+a)=14$

$(b-a)(b+a+1)=14$

이때 $b-a$, $b+a+1$은 모두 자연수이고 $b-a<b+a+1$이므로 다음 각 경우로 나눌 수 있다.

(i) $b-a=1$, $b+a+1=14$일 때

    $b-a=1$, $b+a=13$이므로 연립하여 풀면

    $a=6$, $b=7$

(ii) $b-a=2$, $b+a+1=7$일 때

    $b-a=2$, $b+a=6$이므로 연립하여 풀면

    $a=2$, $b=4$

(i), (ii)에서 b의 값은 4 또는 7이므로 b의 최댓값은 7이다.

4

연습일수가 P_1일 때의 반응시간이 T_1이므로

$$\log T_1 = K - \frac{1}{4}\log P_1 \qquad \cdots\cdots\ \unicode{x1D4F5}$$

연습일수가 P_2일 때의 반응시간이 T_2이므로

$$\log T_2 = K - \frac{1}{4}\log P_2 \qquad \cdots\cdots\ \unicode{x1D4F6}$$

㉠－㉡을 하면

$$\log T_1 - \log T_2 = -\frac{1}{4}(\log P_1 - \log P_2)$$

$P_2 = 10 P_1$이므로

$$\log \frac{T_1}{T_2} = -\frac{1}{4}(\log P_1 - \log 10P_1) = -\frac{1}{4}\log\frac{P_1}{10P_1}$$

$$= -\frac{1}{4}\log\frac{1}{10} = -\frac{1}{4}\times(-1) = \frac{1}{4}$$

따라서 $\dfrac{T_1}{T_2} = 10^{\frac{1}{4}}$

5

$$\sin(\pi-\theta) = \sin\theta = \frac{1}{3}$$

이때 $\sin\theta>0$, $\tan\theta<0$에서 θ는 제2사분면의 각이므로

$$\cos\theta = -\sqrt{1-\sin^2\theta} = -\sqrt{1-\frac{1}{9}} = -\frac{2\sqrt{2}}{3}.$$

$$\tan\theta = \frac{\sin\theta}{\cos\theta} = \frac{\frac{1}{3}}{-\frac{2\sqrt{2}}{3}} = -\frac{1}{2\sqrt{2}} = -\frac{\sqrt{2}}{4}$$

따라서

$$\left\{\sin(\pi+\theta)+\cos\left(\frac{\pi}{2}+\theta\right)\right\}\times\tan(\pi-\theta)$$

$$= (-\sin\theta-\sin\theta)\times(-\tan\theta)$$

$$= 2\sin\theta\tan\theta$$

$$= 2\times\frac{1}{3}\times\left(-\frac{\sqrt{2}}{4}\right)$$

$$= -\frac{\sqrt{2}}{6}$$

6

함수 $y=\sin\dfrac{\pi x}{5}$의 주기는 $\dfrac{2\pi}{\frac{\pi}{5}}=10$이므로

$0<x<10$에서 함수 $y=\sin\dfrac{\pi x}{5}$의 그래프는 그림과 같다.

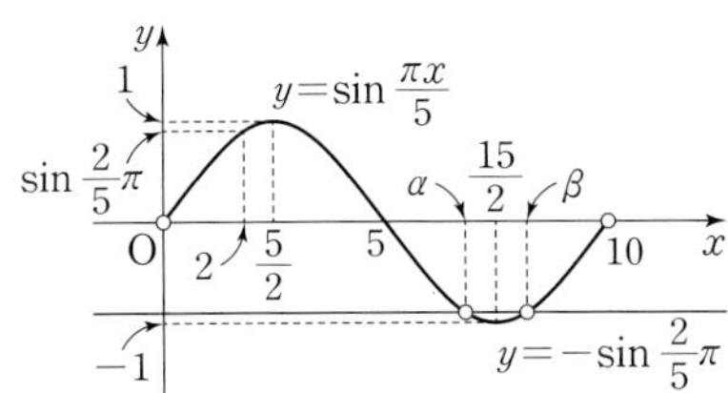

$$\sin^2\frac{\pi x}{5} - \sin\frac{\pi x}{5} - \left(\sin\frac{2}{5}\pi+1\right)\sin\frac{2}{5}\pi = 0에서$$

$$\left(\sin\frac{\pi x}{5} - \sin\frac{2}{5}\pi - 1\right)\left(\sin\frac{\pi x}{5} + \sin\frac{2}{5}\pi\right) = 0$$

$$\sin\frac{\pi x}{5} = \sin\frac{2}{5}\pi + 1 \text{ 또는 } \sin\frac{\pi x}{5} = -\sin\frac{2}{5}\pi$$

(i) $\sin\dfrac{\pi x}{5} = \sin\dfrac{2}{5}\pi+1$에서 $1<\sin\dfrac{2}{5}\pi+1<2$이므로

    방정식 $\sin\dfrac{\pi x}{5} = \sin\dfrac{2}{5}\pi+1$을 만족시키는 실수 x의 값은 없다.

(ii) $\sin\dfrac{\pi x}{5} = -\sin\dfrac{2}{5}\pi$를 만족시키는 실수 x의 값은 함수

    $y=\sin\dfrac{\pi x}{5}$의 그래프와 직선 $y=-\sin\dfrac{2}{5}\pi$의 교점의 x좌표와 같으므로 이 값이 α, β이다.

    이때 함수 $y=\sin\dfrac{\pi x}{5}$의 그래프는 점 $(5, 0)$에 대하여 대칭이므로 $\alpha<\beta$라 하면

    $\alpha=5+2=7$, $\beta=10-2=8$

따라서 $\alpha^2+\beta^2 = 7^2+8^2 = 49+64 = 113$

7

점 P는 원 O'의 외부에 있고 점 Q는 원 O의 외부에 있도록 두 원 O, O' 위에 각각 두 점 P, Q를 잡으면 각 APB는 호 AB의 원주각이므로

$$\angle APB = \frac{\alpha}{2}$$

마찬가지로 $\angle AQB = \dfrac{\beta}{2}$

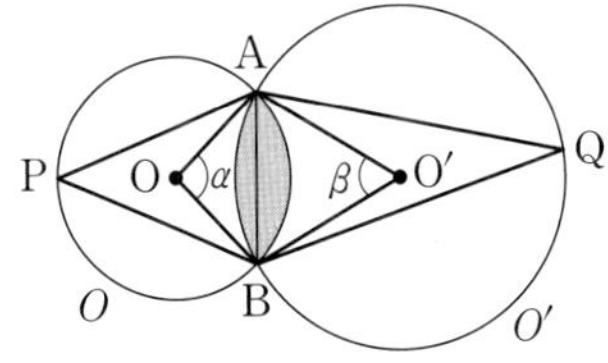

두 원 O, O'의 반지름의 길이를 각각 R, R'이라 하면

삼각형 APB에서 사인법칙에 의하여

$$\frac{\overline{AB}}{\sin\frac{\alpha}{2}} = 2R$$

즉, $\sin\dfrac{\alpha}{2} = \dfrac{\overline{AB}}{2R}$

삼각형 ABQ에서 사인법칙에 의하여

$$\frac{\overline{AB}}{\sin\frac{\beta}{2}} = 2R'$$

즉, $\sin\dfrac{\beta}{2} = \dfrac{\overline{AB}}{2R'}$

$$\sin\frac{\alpha}{2} = \sqrt{2}\times\sin\frac{\beta}{2}이므로$$

$$\frac{\overline{AB}}{2R}=\sqrt{2}\times\frac{\overline{AB}}{2R'}$$

$$R'=\sqrt{2}\,R$$

사각형 $AOBO'$의 둘레의 길이는

$$\overline{AO}+\overline{BO}+\overline{AO'}+\overline{BO'}=2R+2R'$$
$$=2R+2\sqrt{2}\,R$$
$$=2R(1+\sqrt{2})$$
$$=6\sqrt{2}+6$$

이므로

$$R=\frac{6(1+\sqrt{2})}{2(1+\sqrt{2})}=3$$

$$R'=3\sqrt{2}$$

삼각형 AOB에서

$\overline{AO}=\overline{BO}=3$, $\overline{AB}=3\sqrt{2}$이므로

$$\angle AOB=\frac{\pi}{2}$$

부채꼴 AOB의 넓이는

$$\frac{1}{2}\times3\times3\times\frac{\pi}{2}=\frac{9}{4}\pi$$

삼각형 AOB의 넓이는

$$\frac{1}{2}\times3\times3=\frac{9}{2}$$

삼각형 ABO'에서

$\overline{AO'}=\overline{BO'}=3\sqrt{2}$, $\overline{AB}=3\sqrt{2}$이므로

$$\angle AO'B=\frac{\pi}{3}$$

부채꼴 $BO'A$의 넓이는

$$\frac{1}{2}\times3\sqrt{2}\times3\sqrt{2}\times\frac{\pi}{3}=3\pi$$

삼각형 ABO'의 넓이는

$$\frac{1}{2}\times3\sqrt{2}\times3\sqrt{2}\times\sin\frac{\pi}{3}=\frac{9\sqrt{3}}{2}$$

따라서 구하는 넓이는

$$\left(\frac{9}{4}\pi-\frac{9}{2}\right)+\left(3\pi-\frac{9\sqrt{3}}{2}\right)=\frac{21}{4}\pi-\frac{9\sqrt{3}}{2}-\frac{9}{2}$$

8

$P(n,\sqrt{n})$, $Q(n,\sqrt{2n})$, $R(n,\sqrt{mn})$이므로

$$\overline{PA}=\sqrt{n},\ \overline{QA}=\sqrt{2n},\ \overline{RA}=\sqrt{mn}$$

$\overline{PA}$, $\overline{QA}$, $\overline{RA}$가 이 순서대로 등비수열을 이루므로

$$\overline{QA}^2=\overline{PA}\times\overline{RA}$$

즉, $(\sqrt{2n})^2=\sqrt{n}\times\sqrt{mn}$에서 $n>0$이므로 $2n=n\sqrt{m}$이고,

$\sqrt{m}=2$, $m=4$

또 $\overline{OP}^2=n^2+n$, $\overline{OQ}^2+4=n^2+2n+4$, $\overline{OR}^2+5=n^2+4n+5$

$\overline{OP}^2$, $\overline{OQ}^2+4$, $\overline{OR}^2+5$가 이 순서대로 등차수열을 이루므로

$$2(\overline{OQ}^2+4)=\overline{OP}^2+(\overline{OR}^2+5)$$

즉, $2(n^2+2n+4)=(n^2+n)+(n^2+4n+5)$에서 $n=3$

따라서 $m+n=4+3=7$

9

변 BC와 호 B_1C_1이 만나는 점을 H_1이라 하면 삼각형 ABH_1은 변

AB가 빗변이고 $\angle ABH_1=\dfrac{\pi}{3}$인 직각삼각형이므로

$$\overline{AB_1}=\overline{AH_1}=\overline{AB}\sin 60^\circ$$
$$=6\times\frac{\sqrt{3}}{2}=3\sqrt{3}$$

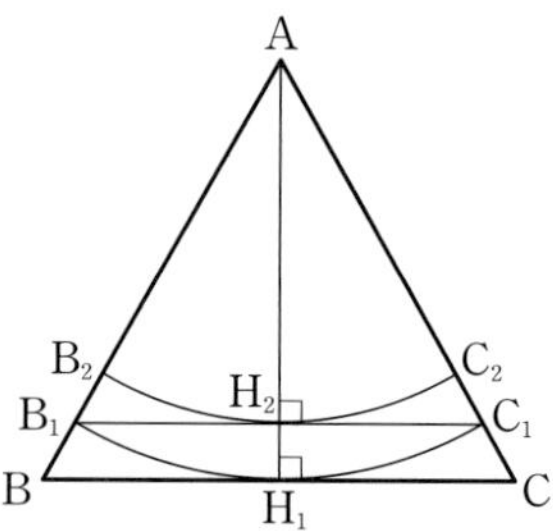

부채꼴 AB_1C_1은 반지름의 길이가 $3\sqrt{3}$이고 중심각의 크기가

$\angle B_1AC_1=\dfrac{\pi}{3}$이므로 호 B_1C_1의 길이는

$$3\sqrt{3}\times\frac{\pi}{3}=\sqrt{3}\pi$$

두 정삼각형 ABC, AB_1C_1의 닮음비는

$$\overline{AB}:\overline{AB_1}=6:3\sqrt{3}=2:\sqrt{3}$$

마찬가지 방법으로 구하면 자연수 n에 대하여 두 정삼각형 AB_nC_n, $AB_{n+1}C_{n+1}$의 닮음비는 $2:\sqrt{3}$이다.

따라서 호 B_nC_n의 길이 a_n에 대하여 수열 $\{a_n\}$은 첫째항이 $\sqrt{3}\pi$이고

공비가 $\dfrac{\sqrt{3}}{2}$인 등비수열이므로

$$a_5=\sqrt{3}\pi\times\left(\frac{\sqrt{3}}{2}\right)^4=\frac{9\sqrt{3}}{16}\pi$$

10

$$\sum_{k=1}^{n}\frac{a_k a_{k+1}}{2k+1}=4n^2+16n \qquad\cdots\cdots\ \text{㉠}$$

㉠에서

$$\frac{a_7 a_8}{15}=\sum_{k=1}^{7}\frac{a_k a_{k+1}}{2k+1}-\sum_{k=1}^{6}\frac{a_k a_{k+1}}{2k+1}$$
$$=(4\times7^2+16\times7)-(4\times6^2+16\times6)$$
$$=4\times(7^2-6^2)+16\times(7-6)$$
$$=68$$

$$\frac{a_8 a_9}{17}=\sum_{k=1}^{8}\frac{a_k a_{k+1}}{2k+1}-\sum_{k=1}^{7}\frac{a_k a_{k+1}}{2k+1}$$
$$=(4\times8^2+16\times8)-(4\times7^2+16\times7)$$
$$=4\times(8^2-7^2)+16\times(8-7)$$
$$=76$$

이므로

$$a_7 a_8=68\times15 \qquad\cdots\cdots\ \text{㉡}$$
$$a_8 a_9=76\times17=68\times19 \qquad\cdots\cdots\ \text{㉢}$$

㉢$-$㉡을 하면

$$a_8(a_9-a_7)=68\times(19-15)=68\times4$$

㉢$+$㉡을 하면

$$a_8(a_9+a_7)=68\times(19+15)=68\times34$$

$$\frac{a_8(a_9-a_7)}{a_8(a_9+a_7)}=\frac{68\times4}{68\times34}$$에서

$$\frac{a_9-a_7}{a_9+a_7}=\frac{2}{17}$$

따라서 $p=17$, $q=2$이므로

$$p+q=17+2=19$$

10회 미니모의고사

1 ①	**2** ④	**3** ④	**4** 11
5 ⑤	**6** ③	**7** 172	**8** ⑤
9 ②	**10** 77		

1

$$\log_3 6 \times \log_4 81 - \frac{1}{\log_3 2} = \frac{\log 6}{\log 3} \times \frac{\log 81}{\log 4} - \log_2 3$$
$$= \frac{\log 6}{\log 3} \times \frac{4\log 3}{2\log 2} - \log_2 3$$
$$= \frac{2\log 6}{\log 2} - \log_2 3$$
$$= 2\log_2 6 - \log_2 3$$
$$= \log_2 36 - \log_2 3$$
$$= \log_2 12$$

이므로 $k = \log_2 12$

따라서 $2^k = 12$

2

함수 $y = 2^x$의 그래프를 x축의 방향으로 1만큼, y축의 방향으로 2만큼 평행이동한 그래프를 나타내는 식은
$y = 2^{x-1} + 2$
함수 $y = 2^{x-1} + 2$의 그래프가 점 $(2, a)$를 지나므로
$a = 2^{2-1} + 2 = 2 + 2 = 4$

3

$$\log_{\frac{1}{2}}\left[\{f(x)-2\}\{f(x)-6\}\right] \geq -5$$
$$-\log_2\left[\{f(x)-2\}\{f(x)-6\}\right] \geq -5$$
$$\log_2\left[\{f(x)-2\}\{f(x)-6\}\right] \leq 5$$

진수는 0보다 커야 하므로 $\{f(x)-2\}\{f(x)-6\} > 0$

즉, $f(x) < 2$ 또는 $f(x) > 6$ $\quad\cdots\cdots$ ㉠

$\log_2\left[\{f(x)-2\}\{f(x)-6\}\right] \leq 5$에서
$\{f(x)-2\}\{f(x)-6\} \leq 2^5 = 32$
$\{f(x)\}^2 - 8f(x) - 20 \leq 0$, $\{f(x)+2\}\{f(x)-10\} \leq 0$
$-2 \leq f(x) \leq 10$ $\quad\cdots\cdots$ ㉡

㉠, ㉡에서 $f(x)$의 값의 범위는
$-2 \leq f(x) < 2$ 또는 $6 < f(x) \leq 10$

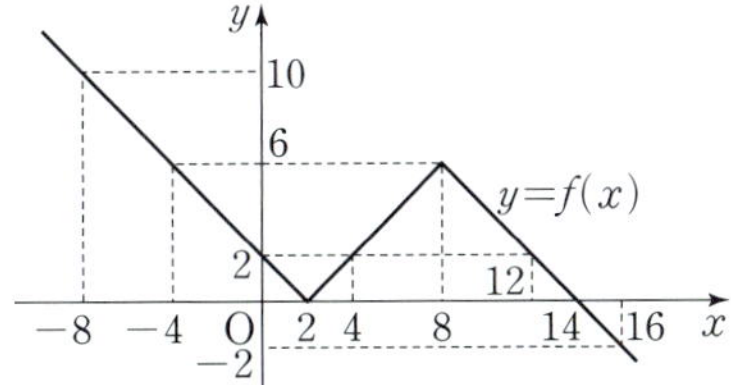

$-8 \leq x < -4$ 또는 $0 < x < 4$ 또는 $12 < x \leq 16$
따라서 주어진 부등식을 만족시키는 정수 x는 -8, -7, -6, -5, 1, 2, 3, 13, 14, 15, 16이므로 그 개수는 11이다.

4

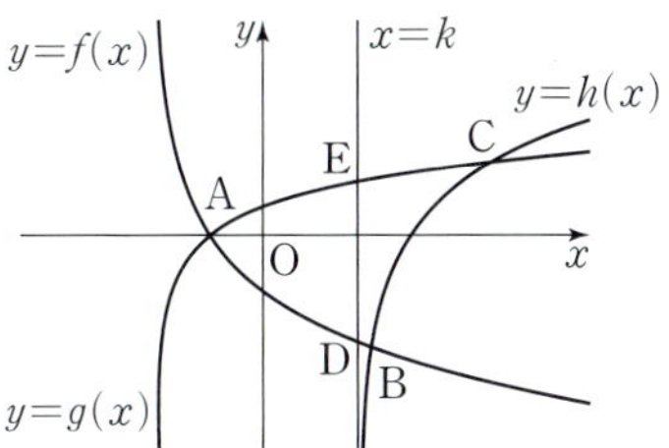

함수 $h(x) = \log_2(x-k)$의 그래프의 점근선은 직선 $x = k$이므로
$D\left(k, \log_{\frac{1}{2}}(k+2)\right)$, $E\left(k, \log_4(k+2)\right)$
$$\overline{DE} = \log_4(k+2) - \log_{\frac{1}{2}}(k+2)$$
$$= \frac{1}{2}\log_2(k+2) + \log_2(k+2)$$
$$= \frac{3}{2}\log_2(k+2)$$

이므로
$$\frac{3}{2}\log_2(k+2) = \frac{3}{2}\log_2\frac{15}{4}$$
$$k+2 = \frac{15}{4}, \ k = \frac{7}{4}$$

두 함수 $y = f(x)$, $y = g(x)$의 그래프의 교점 A의 x좌표를 구해 보자.
$f(x) = g(x)$에서
$$\log_{\frac{1}{2}}(x+2) = \log_4(x+2)$$
$$-\log_2(x+2) = \frac{1}{2}\log_2(x+2)$$
$$\frac{3}{2}\log_2(x+2) = 0$$
$$x+2 = 1, \ x = -1$$

즉, 점 A의 x좌표는 -1이다.

두 함수 $y = f(x)$, $y = h(x)$의 그래프의 교점 B의 x좌표를 구해 보자.
$f(x) = h(x)$에서
$$\log_{\frac{1}{2}}(x+2) = \log_2\left(x - \frac{7}{4}\right)$$
$$-\log_2(x+2) = \log_2\left(x - \frac{7}{4}\right)$$
$$\log_2(x+2)\left(x - \frac{7}{4}\right) = 0$$
$$(x+2)\left(x - \frac{7}{4}\right) = 1$$
$$4x^2 + x - 18 = 0$$
$$(4x+9)(x-2) = 0$$

$x > \frac{7}{4}$이므로 $x = 2$

즉, 점 B의 x좌표는 2이다.

두 함수 $y = g(x)$, $y = h(x)$의 그래프의 교점 C의 x좌표를 구해 보자.
$g(x) = h(x)$에서
$$\log_4(x+2) = \log_2\left(x - \frac{7}{4}\right)$$
$$\log_4(x+2) = \log_4\left(x - \frac{7}{4}\right)^2$$
$$x+2 = \left(x - \frac{7}{4}\right)^2$$
$$16x^2 - 72x + 17 = 0$$
$$(4x-1)(4x-17) = 0$$

$x > \frac{7}{4}$이므로 $x = \frac{17}{4}$

즉, 점 C의 x좌표는 $\dfrac{17}{4}$이다.

그러므로 삼각형 ABC의 무게중심의 x좌표는

$$\dfrac{-1+2+\dfrac{17}{4}}{3}=\dfrac{7}{4}$$

따라서 $p=4$, $q=7$이므로

$$p+q=4+7=11$$

5

$\cos\left(\dfrac{\pi}{2}-\theta\right)=\sin\theta<0$이므로

$$\begin{aligned}\sin\theta&=-\sqrt{1-\cos^2\theta}\\&=-\sqrt{1-\dfrac{11}{36}}\\&=-\dfrac{5}{6}\end{aligned}$$

$$\begin{aligned}\tan\theta&=\dfrac{\sin\theta}{\cos\theta}\\&=\dfrac{-\dfrac{5}{6}}{\dfrac{\sqrt{11}}{6}}\\&=-\dfrac{5\sqrt{11}}{11}\end{aligned}$$

따라서

$$\begin{aligned}\tan(5\pi-\theta)&=\tan(-\theta)\\&=-\tan\theta\\&=\dfrac{5\sqrt{11}}{11}\end{aligned}$$

6

$\dfrac{\pi}{3}\leq x\leq\dfrac{5}{6}\pi$에서 $\dfrac{\pi}{2}\leq x+\dfrac{\pi}{6}\leq\pi$이므로

$$0\leq\sin\left(x+\dfrac{\pi}{6}\right)\leq1$$

따라서 함수 $g(x)=3\sin\left(x+\dfrac{\pi}{6}\right)+1$의 최댓값은 4, 최솟값은 1이다.

즉, $1\leq g(x)\leq4$이므로

$g(x)=t$라 하면 $1\leq t\leq4$

$(f\circ g)(x)=f(g(x))=f(t)=\log_2 t+1$

$\log_2 1\leq\log_2 t\leq\log_2 4$

$0\leq\log_2 t\leq2$

$1\leq\log_2 t+1\leq3$

$1\leq(f\circ g)(x)\leq3$

따라서 합성함수 $(f\circ g)(x)$의 최댓값은 3, 최솟값은 1이므로 최댓값과 최솟값의 합은

$$3+1=4$$

7

사각형 ABCD가 원에 내접하므로

$\angle\mathrm{ABC}+\angle\mathrm{ADC}=180°$에서

$\angle\mathrm{ABC}=180°-\angle\mathrm{ADC}$

$$\begin{aligned}\cos(\angle\mathrm{ABC})&=\cos(180°-\angle\mathrm{ADC})\\&=-\cos(\angle\mathrm{ADC})\qquad\cdots\cdots\,\text{㉠}\end{aligned}$$

또한 $\sin(\angle\mathrm{ADC})=\dfrac{4\sqrt{5}}{9}$이고 $0°<\angle\mathrm{ADC}<90°$이므로

$$\begin{aligned}\cos(\angle\mathrm{ADC})&=\sqrt{1-\sin^2(\angle\mathrm{ADC})}\\&=\sqrt{1-\left(\dfrac{4\sqrt{5}}{9}\right)^2}=\dfrac{1}{9}\end{aligned}$$

이것을 ㉠에 대입하면

$$\cos(\angle\mathrm{ABC})=-\dfrac{1}{9}$$

이므로 삼각형 ABC에서 코사인법칙에 의하여

$$k^2=\overline{\mathrm{AC}}^2=4^2+6^2-2\times4\times6\times\left(-\dfrac{1}{9}\right)=\dfrac{172}{3}$$

따라서 $3k^2=172$

8

등비수열 $\{a_n\}$의 공비를 r라 하면 모든 항이 양수이므로 $r>0$이다.

$$\begin{aligned}\dfrac{a_3+a_2}{a_5+a_4}&=\dfrac{a_1 r^2+a_1 r}{a_1 r^4+a_1 r^3}\\&=\dfrac{a_1 r^2+a_1 r}{r^2(a_1 r^2+a_1 r)}=\dfrac{1}{r^2}\end{aligned}$$

이므로 $\dfrac{1}{r^2}=16$

$r=-\dfrac{1}{4}$ 또는 $r=\dfrac{1}{4}$

$r>0$이므로 $r=\dfrac{1}{4}$

따라서 $a_2=a_1 r=20\times\dfrac{1}{4}=5$

9

$$\begin{aligned}&\sum_{k=1}^{6}k^2(a_k-a_{k+1})\\&=1^2(a_1-a_2)+2^2(a_2-a_3)+3^2(a_3-a_4)+4^2(a_4-a_5)\\&\qquad\qquad\qquad\qquad+5^2(a_5-a_6)+6^2(a_6-a_7)\\&=a_1+(2^2-1^2)a_2+(3^2-2^2)a_3+(4^2-3^2)a_4+(5^2-4^2)a_5\\&\qquad\qquad\qquad\qquad+(6^2-5^2)a_6-6^2 a_7\\&=a_1+3a_2+5a_3+7a_4+9a_5+11a_6-36a_7\\&=\sum_{k=1}^{6}\left\{(2k-1)\times\dfrac{k}{2k-1}\right\}-36a_7\\&=\sum_{k=1}^{6}k-36a_7\end{aligned}$$

이므로 $\displaystyle\sum_{k=1}^{6}k-36a_7=pa_7$에서

$$\sum_{k=1}^{6}k=(p+36)\times a_7$$

$a_n=\dfrac{n}{2n-1}$에서 $a_7=\dfrac{7}{13}$이므로

$$\sum_{k=1}^{6}k=(p+36)\times\dfrac{7}{13}$$

$$\dfrac{6\times7}{2}=(p+36)\times\dfrac{7}{13}$$

$p+36=39$

따라서 $p=3$

10

점 A_1의 좌표가 $(12, 6)$이므로 $a_1=12+6=18$

점 A_1의 y좌표와 점 B_1의 y좌표가 같으므로 점 B_1의 좌표를 $(\alpha_1, 6)$이라 하자.

점 B_1은 곡선 $y=\dfrac{1}{x}$ 위에 있으므로 $6=\dfrac{1}{\alpha_1}$에서 $\alpha_1=\dfrac{1}{6}$

따라서 점 B_1의 좌표는 $\left(\dfrac{1}{6},\, 6\right)$이다.

점 B_1의 x좌표와 점 A_2의 x좌표가 같으므로 점 A_2의 좌표를 $\left(\dfrac{1}{6},\, \beta_2\right)$라 하자.

점 A_2는 직선 $y=\dfrac{x}{2}$ 위에 있으므로 $\beta_2=\dfrac{1}{2}\times\dfrac{1}{6}=\dfrac{1}{12}$

따라서 점 A_2의 좌표는 $\left(\dfrac{1}{6},\, \dfrac{1}{12}\right)$이므로

$a_2=\dfrac{1}{6}+\dfrac{1}{12}=\dfrac{3}{12}=\dfrac{1}{4}$

점 A_2의 y좌표와 점 B_2의 y좌표가 같으므로 점 B_2의 좌표를 $\left(\alpha_2,\, \dfrac{1}{12}\right)$이라 하자.

점 B_2는 곡선 $y=\dfrac{1}{x}$ 위에 있으므로 $\dfrac{1}{12}=\dfrac{1}{\alpha_2}$에서 $\alpha_2=12$

따라서 점 B_2의 좌표는 $\left(12,\, \dfrac{1}{12}\right)$이다.

점 B_2의 x좌표와 점 A_3의 x좌표가 같으므로 점 A_3의 좌표를 $(12,\, \beta_3)$이라 하자.

점 A_3은 직선 $y=\dfrac{x}{2}$ 위에 있으므로 $\beta_3=\dfrac{1}{2}\times12=6$

따라서 점 A_3의 좌표는 $(12,\, 6)$이므로

$a_3=12+6=18$

점 A_3의 좌표가 점 A_1의 좌표와 같으므로 이후 계속 반복된다.

즉, $a_n=\begin{cases} 18 \ (n\text{이 홀수인 경우}) \\ \dfrac{1}{4} \ (n\text{이 짝수인 경우}) \end{cases}$

따라서 $a_7+a_8=18+\dfrac{1}{4}=\dfrac{73}{4}$

$p=4$, $q=73$이므로

$p+q=77$

---

1 ②	**2** 8	**3** ①	**4** ②
5 ④	**6** ⑤	**7** 97	**8** ①
9 ③	**10** 768		

1

$$\sqrt[3]{-\dfrac{1}{8}}\times\sqrt[3]{(-2)^6}=\sqrt[3]{-\dfrac{1}{2^3}}\times\sqrt[3]{2^6}$$
$$=\sqrt[3]{\left(-\dfrac{1}{2}\right)^3}\times\sqrt[3]{(2^2)^3}$$
$$=-\dfrac{1}{2}\times2^2$$
$$=-2$$

2

$\log_a bc=3$에서

$\log_a b+\log_a c=3$

이때 $\log_a b-\log_a c=1$이므로 두 식을 연립하여 풀면

$\log_a b=2$, $\log_a c=1$

즉, $b=a^2$, $c=a$

이 식을 $\log_a\dfrac{b+c}{3}=1$에 대입하면

$\log_a\dfrac{a^2+a}{3}=1$

$\dfrac{a^2+a}{3}=a$

$a^2-2a=0$

$a(a-2)=0$

$a>0$이므로

$a=2$

따라서 $a=2$, $b=2^2=4$, $c=2$이므로

$a+b+c=2+4+2=8$

3

함수 $g(x)$는 밑이 1보다 큰 지수함수이므로 실수 전체의 집합에서 x의 값이 증가하면 y의 값도 증가한다.

$g(f(x))=2^{x^2-2x+3}=2^{(x-1)^2+2}$이고 $(x-1)^2+2\geq2$이므로

$2^{(x-1)^2+2}\geq2^2$

따라서 함수 $y=(g\circ f)(x)$는 $x=1$일 때 최솟값 $2^2=4$를 갖는다.

4

$P(k,\, 3^{k-2}+4)$, $Q(k,\, -3^{-k+2}+4)$이므로

$\overline{PQ}=3^{k-2}+3^{-k+2}\geq2\sqrt{3^{k-2}\times3^{-k+2}}=2$

(단, 등호는 $3^{k-2}=3^{-k+2}$, 즉 $k=2$일 때 성립한다.)

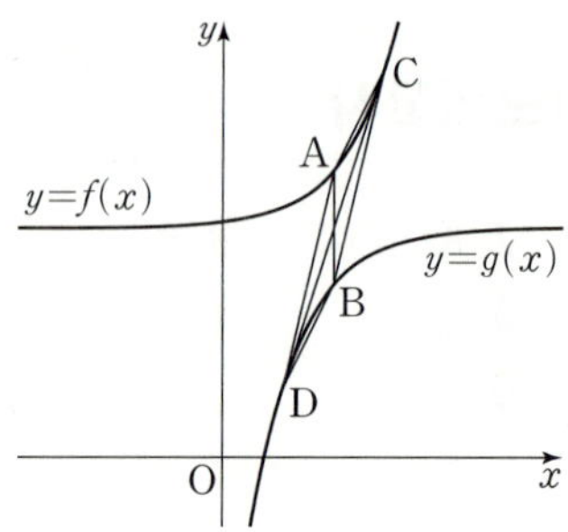

이때 $A(2, 5)$, $B(2, 3)$이므로 선분 AB의 중점을 M이라 하면 $M(2, 4)$이다.

두 상수 c, d에 대하여

$C(c, 3^{c-2}+4)$ $(c>2)$, $D(d, -3^{-d+2}+4)$라 하면

조건 (가)에서

$\dfrac{c+d}{2}=2$, 즉 $c+d=4$ ...... ㉠

직선 CD의 기울기와 직선 CM의 기울기가 같으므로

조건 (나)에서

$\dfrac{(3^{c-2}+4)-4}{c-2}=\dfrac{3}{2}\times\dfrac{(3^{c-2}+4)-5}{c-2}$

$3^{c-2}=\dfrac{3}{2}(3^{c-2}-1)$

$\dfrac{3^{c-2}}{2}=\dfrac{3}{2}$

$c-2=1$, $c=3$

$c=3$을 ㉠에 대입하면

$3+d=4$에서 $d=1$

이므로 $C(3, 7)$, $D(1, 1)$이다.

따라서

(사각형 $ADBC$의 넓이)

$=($삼각형 ADB의 넓이$)+($삼각형 ACB의 넓이$)$

$=\dfrac{1}{2}\times2\times1+\dfrac{1}{2}\times2\times1$

$=2$

5

$\sin^2\dfrac{\pi}{5}+\sin^2\dfrac{2}{5}\pi+\sin^2\left(\dfrac{\pi}{2}+\dfrac{7}{5}\pi\right)+\sin^2\left(\dfrac{\pi}{2}+\dfrac{6}{5}\pi\right)$

$=\sin^2\dfrac{\pi}{5}+\sin^2\dfrac{2}{5}\pi+\cos^2\dfrac{7}{5}\pi+\cos^2\dfrac{6}{5}\pi$

$=\sin^2\dfrac{\pi}{5}+\sin^2\dfrac{2}{5}\pi+\cos^2\left(\pi+\dfrac{2}{5}\pi\right)+\cos^2\left(\pi+\dfrac{\pi}{5}\right)$

$=\sin^2\dfrac{\pi}{5}+\sin^2\dfrac{2}{5}\pi+\cos^2\dfrac{2}{5}\pi+\cos^2\dfrac{\pi}{5}$

$=\sin^2\dfrac{\pi}{5}+\cos^2\dfrac{\pi}{5}+\sin^2\dfrac{2}{5}\pi+\cos^2\dfrac{2}{5}\pi$

$=1+1$

$=2$

6

$\cos^2\theta+4\sin\theta\leq2(a-2)$에서

$(1-\sin^2\theta)+4\sin\theta\leq2(a-2)$

$\sin^2\theta-4\sin\theta+2a-5\geq0$

$\sin\theta=t$라 하면 $-1\leq t\leq1$이고 주어진 부등식은

$t^2-4t+2a-5\geq0$

$(t-2)^2+2a-9\geq0$

$-1\leq t\leq1$일 때, 함수 $y=t^2-4t+2a-5$는 $t=1$에서 최솟값을 가지므로

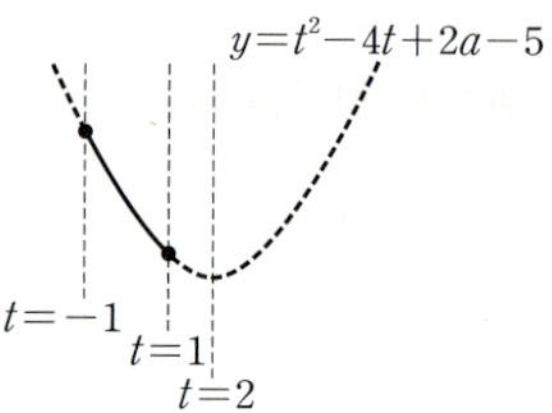

$1-4+2a-5\geq0$에서 $a\geq4$

따라서 실수 a의 최솟값은 4이다.

7

삼각형 ABC에서 코사인법칙에 의하여

$\overline{BC}^2=\overline{AB}^2+\overline{AC}^2-2\times\overline{AB}\times\overline{AC}\times\cos(\angle BAC)$

$\quad=4+9-2\times2\times3\times\left(-\dfrac{1}{4}\right)$

$\quad=16$

이므로

$\overline{BC}=4$

한편,

$\sin(\angle BAC)=\sqrt{1-\cos^2(\angle BAC)}$

$\quad=\sqrt{1-\dfrac{1}{16}}=\dfrac{\sqrt{15}}{4}$

이므로 삼각형 ABC의 외접원 O의 반지름의 길이를 R라 하면 사인법칙에 의하여

$\dfrac{\overline{BC}}{\sin(\angle BAC)}=2R$

$\dfrac{4}{\dfrac{\sqrt{15}}{4}}=2R$

즉, $R=\dfrac{8}{\sqrt{15}}$이므로 외접원 O의 넓이를 S라 하면

$S=\dfrac{64}{15}\pi$

또 삼각형 ABC의 넓이가

$\dfrac{1}{2}\times\overline{AB}\times\overline{AC}\times\sin(\angle BAC)=\dfrac{1}{2}\times2\times3\times\dfrac{\sqrt{15}}{4}$

$\quad=\dfrac{3\sqrt{15}}{4}$

이므로 삼각형 ABC의 내접원 O'의 반지름의 길이를 r라 하면

$\dfrac{r}{2}(2+4+3)=\dfrac{3\sqrt{15}}{4}$

즉, $r=\dfrac{\sqrt{15}}{6}$이므로 내접원 O'의 넓이를 S'이라 하면

$S'=\dfrac{5}{12}\pi$

그러므로

$S-S'=\dfrac{64}{15}\pi-\dfrac{5}{12}\pi=\dfrac{77}{20}\pi$

따라서 $p=20$, $q=77$이므로

$p+q=20+77=97$

8

등차수열 $\{a_n\}$의 첫째항을 a라 하면

$a_2=a+d=3$ $\qquad$ ……㉠

$a_7-a_5=(a+6d)-(a+4d)=2d$에서

$2d=3-d$이므로 $d=1$ $\qquad$ ……㉡

㉡을 ㉠에 대입하면 $a=2$

따라서 $a_4=a+3d=2+3=5$

9

2 이상의 자연수 n에 대하여

$a_n=S_n-S_{n-1}$ $\qquad$ ……㉠

이므로 $S_n-S_{n-1}=\dfrac{3S_n^{\ 2}}{3S_n+1}$, 즉

$(S_n-S_{n-1})(3S_n+1)=3S_n^{\ 2}$

$3S_n^{\ 2}+S_n-3S_nS_{n-1}-S_{n-1}=3S_n^{\ 2}$

$(1-3S_{n-1})S_n=S_{n-1}$

$S_n=\dfrac{S_{n-1}}{1-3S_{n-1}}$, $\dfrac{1}{S_n}=\dfrac{1-3S_{n-1}}{S_{n-1}}$

이므로 $\dfrac{1}{S_n}=\dfrac{1}{S_{n-1}}+\boxed{-3}$, $\dfrac{1}{S_1}=\dfrac{1}{a_1}=1$이다.

이때 수열 $\left\{\dfrac{1}{S_n}\right\}$은 첫째항이 1, 공차가 $\boxed{-3}$인 등차수열이다. 즉,

$\dfrac{1}{S_n}=-3n+4$, $S_n=\boxed{\dfrac{1}{4-3n}}$

이다. ㉠에서

$a_n=S_n-S_{n-1}\ (n\geq2)$

$\quad=\dfrac{1}{4-3n}-\dfrac{1}{7-3n}=\boxed{\dfrac{3}{(4-3n)(7-3n)}}$

따라서 $a_n=\begin{cases}1 & (n=1)\\[2mm]\boxed{\dfrac{3}{(4-3n)(7-3n)}} & (n\geq2)\end{cases}$

그러므로

$k=-3$, $f(n)=\dfrac{1}{4-3n}$, $g(n)=\dfrac{3}{(4-3n)(7-3n)}$

이다.

따라서 $kf(3)g(3)=-3\times\left(-\dfrac{1}{5}\right)\times\dfrac{3}{10}=\dfrac{9}{50}$

10

등비수열 $\{a_n\}$의 공비를 r라 하면 모든 항이 서로 다르므로

$a_1\neq0$, $r\neq0$, $r\neq1$, $r\neq-1$이다. $\qquad$ ……㉠

수열 $\{a_n^{\ 2}\}$은 모든 항이 양수이고 공비가 r^2인 등비수열이므로

$|r|>1$이면 n의 값이 커질 때 $a_n^{\ 2}$의 값이 커지고,

$0<|r|<1$이면 n의 값이 커질 때 $a_n^{\ 2}$의 값이 작아진다.

따라서 $a_1=a_{10}^{\ 2}$, $a_2=a_9^{\ 2}$ 또는 $a_1=a_1^{\ 2}$, $a_2=a_2^{\ 2}$이므로

$\dfrac{a_1}{a_2}=r^2$ 또는 $\dfrac{a_1}{a_2}=\dfrac{1}{r^2}$

수열 $\{(-1)^n a_n\}$은 공비가 $-r$인 등비수열이다.

모든 자연수 n에 대하여

$(-1)^{2n-1}a_{2n-1}=-a_1r^{2n-2}$, $(-1)^{2n}a_{2n}=a_1r^{2n-1}$ $\qquad$ ……㉡

이므로 $r>0$이면 부호가 양, 음 또는 음, 양으로 교대로 바뀌어 나타나고, $r<0$이면 모든 항이 양수이거나 모든 항이 음수이다.

$r>0$이면 부호가 양, 음 또는 음, 양으로 교대로 바뀌어 나타나고 β_1, β_2는 양수이므로

$\dfrac{\beta_1}{\beta_2}=r^2$ 또는 $\dfrac{\beta_1}{\beta_2}=\dfrac{1}{r^2}$

이때 ㉠인 r에 대하여 $\dfrac{a_1}{a_2}=\left(\dfrac{\beta_1}{\beta_2}\right)^2$을 만족시키지 않는다.

그러므로 $r<0$이다.

또한 $r<0$일 때, ㉡에서 $a_1>0$이면 모든 항이 음수이므로 $\beta_2<0$이 되어 $\beta_2=8$이라는 조건을 만족시키지 않는다.

그러므로 $a_1<0$이다.

(i) $a_1<0$, $-1<r<0$일 때

$\quad a_1=a_1^{\ 2}$, $a_2=a_2^{\ 2}=a_1^{\ 2}r^2$

$\quad \beta_1=(-1)^1 a_1=-a_1$, $\beta_2=(-1)^2 a_2=a_1r$

$\quad \beta_2=8$에서 $a_1r=8$ $\qquad$ ……㉢

$\quad \dfrac{a_1-a_2}{\beta_1+\beta_2}=4$에서

$\quad \dfrac{a_1^{\ 2}-a_1^{\ 2}r^2}{-a_1+a_1r}=4$

$\quad \dfrac{a_1^{\ 2}(1-r)(1+r)}{-a_1(1-r)}=4$

$\quad -a_1(1+r)=4$

$\quad -a_1-a_1r=4$ $\qquad$ ……㉣

$\quad$ ㉢, ㉣에서

$\quad a_1=-12$, $r=-\dfrac{2}{3}$

(ii) $a_1<0$, $r<-1$일 때

$\quad a_1=a_{10}^{\ 2}=a_1^{\ 2}r^{18}$, $a_2=a_9^{\ 2}=a_1^{\ 2}r^{16}$

$\quad \beta_1=(-1)^{10}a_{10}=a_1r^9$, $\beta_2=(-1)^9 a_9=-a_1r^8$

$\quad b_1=-a_1r^9$, $r'=\dfrac{1}{r}$이라 하면

$\quad a_1=b_1^{\ 2}$, $a_2=b_1^{\ 2}(r')^2$, $\beta_1=-b_1$, $\beta_2=b_1r'$

$\quad$ 이므로 (i)에 의하여

$\quad b_1=-a_1r^9=-12$, $r'=\dfrac{1}{r}=-\dfrac{2}{3}$

$\quad$ 이때 $a_1=12\times\left(-\dfrac{2}{3}\right)^9$이므로 a_1이 정수라는 조건을 만족시키지 않는다.

(i), (ii)에서

$a_1=-12$, $r=-\dfrac{2}{3}$

따라서

$a_1\times\beta_3=a_1^{\ 2}\times(-a_1r^2)$

$\qquad=-a_1\times(a_1r)^2$

$\qquad=12\times8^2$

$\qquad=768$

$32 \leq n < 64$

12회 미니모의고사

본문 48~51쪽

1 ①	**2** ①	**3** ③	**4** 6
5 ③	**6** 81	**7** ⑤	**8** 11
9 ③	**10** ②		

1

$\log_4 \dfrac{1}{3} \times \log_{\sqrt{3}} 8$

$= \log_{2^2} 3^{-1} \times \log_{3^{\frac{1}{2}}} 2^3$

$= \left(\dfrac{-1}{2} \log_2 3 \right) \times \left(\dfrac{3}{\frac{1}{2}} \log_3 2 \right)$

$= \left(-\dfrac{1}{2} \log_2 3 \right) \times \left(6 \times \dfrac{\log_2 2}{\log_2 3} \right)$

$= -3$

2

$2^{a+\frac{b}{2}} = \dfrac{1}{3}$, $2^{a-\frac{b}{2}} = 27$에서 변끼리 곱하면

$2^{a+\frac{b}{2}} \times 2^{a-\frac{b}{2}} = \dfrac{1}{3} \times 27$

$2^{\left(a+\frac{b}{2} \right) + \left(a-\frac{b}{2} \right)} = 9$, $2^{2a} = 3^2$

$2^a = \left(2^{2a} \right)^{\frac{1}{2}} = \left(3^2 \right)^{\frac{1}{2}} = 3$

또한 $2^{a+\frac{b}{2}} = \dfrac{1}{3}$에서 $2^{\frac{b}{2}} = \dfrac{1}{2^a} \times \dfrac{1}{3} = \dfrac{1}{9}$

$2^b = \left(2^{\frac{b}{2}} \right)^2 = \left(\dfrac{1}{9} \right)^2 = 3^{-4}$

따라서
$$\sqrt{2^{3a}} \times \sqrt[3]{2^b} = \left(2^a \right)^{\frac{3}{2}} \times \left(2^b \right)^{\frac{1}{3}}$$
$$= 3^{\frac{3}{2}} \times 3^{-\frac{4}{3}}$$
$$= 3^{\frac{3}{2} + \left(-\frac{4}{3} \right)} = 3^{\frac{1}{6}}$$

3

부등식 $x^2 - x \log_2 4n + \log_2 n^2 \leq 0$에서

$x^2 - x(2 + \log_2 n) + 2\log_2 n \leq 0$

$(x-2)(x - \log_2 n) \leq 0$

(ⅰ) $1 \leq n < 4$일 때

$0 \leq \log_2 n < 2$이므로

$\log_2 n \leq x \leq 2$

주어진 부등식을 만족시키는 정수 x의 개수는 3 이하이다.

(ⅱ) $n = 4$일 때

$(x-2)^2 \leq 0$

$x = 2$

주어진 부등식을 만족시키는 정수 x의 개수는 1이다.

(ⅲ) $n > 4$일 때

$\log_2 n > 2$이므로 $2 \leq x \leq \log_2 n$

부등식을 만족시키는 정수 x의 개수가 4이므로

$5 \leq \log_2 n < 6$

$32 \leq n < 64$

(ⅰ), (ⅱ), (ⅲ)에서

$32 \leq n < 64$

따라서 구하는 자연수 n의 개수는 32이다.

4

두 점 $B(x_1, y_1)$, $C(x_2, y_2)$가 곡선 $y = \log_a x$ 위의 점이므로

$y_1 = \log_a x_1$, $y_2 = \log_a x_2$

세 수 x_1, 1, x_2가 이 순서대로 등비수열을 이루므로

$x_1 x_2 = 1$

이때 $x_2 = \dfrac{1}{x_1}$을 $y_2 = \log_a x_2$에 대입하면

$y_2 = \log_a \dfrac{1}{x_1} = -\log_a x_1$

이므로 $y_1 + y_2 = \log_a x_1 + (-\log_a x_1) = 0$

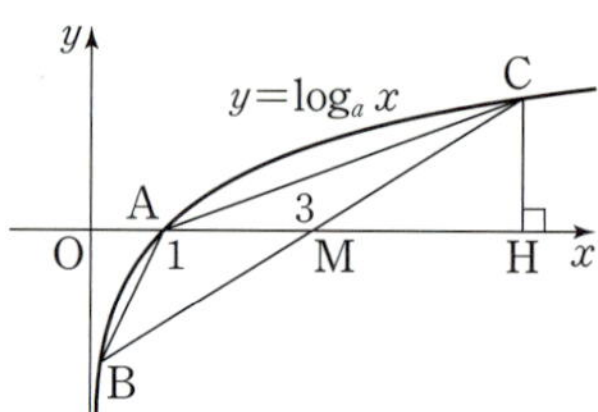

따라서 점 $(3, 0)$을 M이라 하면 점 M은 선분 BC의 중점이므로 두 삼각형 AMC, ABM의 넓이는 같고, 주어진 조건에서 삼각형 ABC의 넓이가 4이므로 삼각형 AMC의 넓이는 2이다.

점 C에서 x축에 내린 수선의 발을 H라 하면

$\overline{CH} = \log_a x_2$이므로

$\dfrac{1}{2} \times \overline{AM} \times \overline{CH} = 2$에서

$\dfrac{1}{2} \times (3-1) \times \log_a x_2 = 2$

즉, $\log_a x_2 = 2$에서 $x_2 = a^2$

$x_1 x_2 = 1$에서 $x_1 = \dfrac{1}{x_2} = \dfrac{1}{a^2}$

따라서 $B\left(\dfrac{1}{a^2}, -2 \right)$, $C(a^2, 2)$이고, 점 $M(3, 0)$이 선분 BC의 중점이므로

$\dfrac{\dfrac{1}{a^2} + a^2}{2} = 3$

$a^2 + \dfrac{1}{a^2} = 6$

참고

두 점 $B(x_1, y_1)$, $C(x_2, y_2)$를 이은 선분 BC의 중점의 좌표는

$\left(\dfrac{x_1 + x_2}{2}, \dfrac{y_1 + y_2}{2} \right)$

그런데 $y_1 + y_2 = 0$이므로 선분 BC의 중점은 x축 위에 있다.

따라서 선분 BC와 x축이 만나는 점 $(3, 0)$은 선분 BC의 중점이다.

5

$\cos \theta = -\dfrac{1}{3}$이므로 $\sin^2 \theta = 1 - \cos^2 \theta = 1 - \left(-\dfrac{1}{3} \right)^2 = \dfrac{8}{9}$

$\dfrac{\pi}{2} < \theta < \pi$일 때, $\sin \theta > 0$이므로 $\sin \theta = \dfrac{2\sqrt{2}}{3}$

$\sin(\pi+\theta)=-\sin\theta=-\dfrac{2\sqrt{2}}{3}$, $\cos\left(\dfrac{\pi}{2}+\theta\right)=-\sin\theta=-\dfrac{2\sqrt{2}}{3}$,

$\sin\left(\dfrac{\pi}{2}-\theta\right)=\cos\theta=-\dfrac{1}{3}$, $\cos(\pi-\theta)=-\cos\theta=\dfrac{1}{3}$

따라서

$\sin(\pi+\theta)\cos\left(\dfrac{\pi}{2}+\theta\right)+\sin\left(\dfrac{\pi}{2}-\theta\right)\cos(\pi-\theta)$

$=-\dfrac{2\sqrt{2}}{3}\times\left(-\dfrac{2\sqrt{2}}{3}\right)+\left(-\dfrac{1}{3}\right)\times\dfrac{1}{3}=\dfrac{7}{9}$

6

$\overline{\mathrm{AB}}=5\sqrt{2}t$, $\overline{\mathrm{BC}}=2\sqrt{5}t$, $\overline{\mathrm{CA}}=3\sqrt{2}t$ $(t>0)$이라 하자.

삼각형 ABC에서 코사인법칙에 의하여

$\cos A=\dfrac{18t^2+50t^2-20t^2}{2\times3\sqrt{2}t\times5\sqrt{2}t}=\dfrac{48}{60}=\dfrac{4}{5}$

이므로

$\sin A=\sqrt{1-\cos^2 A}=\sqrt{1-\dfrac{16}{25}}=\dfrac{3}{5}$

한편, 삼각형 ABC의 외접원의 반지름의 길이가 $5\sqrt{5}$이므로 사인법칙에 의하여

$\dfrac{\overline{\mathrm{BC}}}{\sin A}=2\times5\sqrt{5}$

$\overline{\mathrm{BC}}=10\sqrt{5}\sin A$

즉, $2\sqrt{5}t=10\sqrt{5}\times\dfrac{3}{5}=6\sqrt{5}$이므로 $t=3$

따라서 $\overline{\mathrm{AB}}=15\sqrt{2}$, $\overline{\mathrm{CA}}=9\sqrt{2}$이므로 삼각형 ABC의 넓이는

$\dfrac{1}{2}\times15\sqrt{2}\times9\sqrt{2}\times\dfrac{3}{5}=81$

7

$\cos^2 x=1-\sin^2 x$이므로

$y=-\cos^2 x-2a\sin x+a+4$

$\quad=-(1-\sin^2 x)-2a\sin x+a+4$

$\quad=\sin^2 x-2a\sin x+a+3$

$0\le x<2\pi$에서 $-1\le\sin x\le1$이므로

$\sin x=t$ $(-1\le t\le1)$이라 하면

$y=t^2-2at+a+3$

$\quad=(t-a)^2-a^2+a+3$

함수 $y=t^2-2at+a+3$의 최솟값 $f(a)$와 방정식 $3f(a)-a+4=0$의 실근은 a의 값의 범위에 따라 다음과 같다.

(i) $a\le-1$일 때

함수 $y=t^2-2at+a+3$은 $t=-1$일 때 최소이므로

$f(a)=3a+4$

$3f(a)-a+4=0$에서

$3(3a+4)-a+4=0$

$8a+16=0$

$a=-2$

$a\le-1$이므로 $a=-2$

(ii) $-1<a<1$일 때

함수 $y=t^2-2at+a+3=(t-a)^2-a^2+a+3$은

$t=a$일 때 최소이므로

$f(a)=-a^2+a+3$

$3f(a)-a+4=0$에서

$3(-a^2+a+3)-a+4=0$

$-3a^2+2a+13=0$

$g(a)=-3a^2+2a+13$이라 하면

$g(a)=-3a^2+2a+13=-3\left(a-\dfrac{1}{3}\right)^2+\dfrac{40}{3}$

$g(-1)=8>0$, $g(1)=12>0$이므로

$-1<a<1$에서 $g(a)=0$이 되는 a의 값은 존재하지 않는다.

(iii) $a\ge1$일 때

함수 $y=t^2-2at+a+3$은 $t=1$일 때 최소이므로

$f(a)=-a+4$

$3f(a)-a+4=0$에서

$3(-a+4)-a+4=0$

$-4a+16=0$

$a=4$

$a\ge1$이므로 $a=4$

(i), (ii), (iii)에서 조건을 만족시키는 모든 실수 a의 값은 -2, 4이므로 그 합은

$-2+4=2$

8

등차수열 $\{a_n\}$의 첫째항을 a, 공차를 d라 하면

$a_3=a+2d=5$ $\qquad\cdots\cdots$ ㉠

$a_7+a_8=(a+6d)+(a+7d)=2a+13d=37$ $\qquad\cdots\cdots$ ㉡

㉠, ㉡을 연립하여 풀면

$a=-1$, $d=3$

따라서 $a_n=(-1)+(n-1)\times3=3n-4$

$a_n<30$에서 $3n-4<30$, $n<\dfrac{34}{3}$

따라서 모든 자연수 n은 1, 2, 3, $\cdots$, 11이고 그 개수는 11이다.

9

모든 자연수 n에 대하여 두 점 P_n, Q_n의 x좌표를 각각 a_n, b_n이라 하면 점 P_n은 x축 위의 점이고 점 Q_n은 곡선 $y=\sqrt{x}$ $(x>0)$ 위의 점이므로

$\mathrm{P}_n(a_n,\ 0)$, $\mathrm{Q}_n(b_n,\ \sqrt{b_n})$

두 점 O, Q_n은 점 P_n을 중심으로 하는 원 위에 있으므로

$\overline{\mathrm{OP}_n}=\overline{\mathrm{P}_n\mathrm{Q}_n}$에서

$a_n=\sqrt{(b_n-a_n)^2+b_n}$

$a_n^2=b_n^2-2a_nb_n+a_n^2+b_n$

$b_n^2=(2a_n-1)b_n$

$b_n>0$이므로

$b_n=\boxed{2}\times a_n-1$

두 점 P_n, P_{n+1}은 점 Q_n을 중심으로 하는 원 위에 있으므로 현의 성질에 의하여

$a_{n+1}-a_n=2(b_n-a_n)$

$a_{n+1}-a_n=2\{(2a_n-1)-a_n\}$

$a_{n+1}=\boxed{3}\times a_n-2$

삼각형 ABP_n의 넓이 S_n은

$$S_n=\frac{1}{2}\times\overline{\mathrm{AP}_n}\times\overline{\mathrm{OB}}=\frac{1}{2}\times(a_n-1)\times2=a_n-1$$

$$S_{n+1}=a_{n+1}-1=(3a_n-2)-1=3(a_n-1)=3S_n$$

에서 $\dfrac{S_{n+1}}{S_n}=3$이므로 수열 $\{S_n\}$은 공비가 3인 등비수열이다.

$S_1=a_1-1=3-1=2$이므로

$$S_n=\boxed{2\times3^{\,n-1}}$$

따라서 $p=2$, $q=3$, $f(n)=2\times3^{\,n-1}$이므로

$$p+q+f(6)=2+3+2\times3^5=2+3+486=491$$

10

$b_n=na_n$이라 하고 수열 $\{b_n\}$의 첫째항부터 제n항까지의 합을 S_n이라 하면

$$S_n=n^2+\frac{2}{3}n$$

$b_1=S_1=\dfrac{5}{3}$이고 $n\geq2$일 때

$$b_n=S_n-S_{n-1}$$

$$=\left(n^2+\frac{2}{3}n\right)-\left\{(n-1)^2+\frac{2}{3}(n-1)\right\}$$

$$=2n-\frac{1}{3}\qquad\cdots\cdots\;\text{㉠}$$

$n=1$일 때 ㉠이 성립하므로

$$b_n=2n-\frac{1}{3}\;(n=1,\,2,\,3,\,\cdots)$$

$b_n=na_n$에서

$$a_n=\frac{1}{n}b_n=2-\frac{1}{3n}$$

$$|a_n-2|=\left|-\frac{1}{3n}\right|<\frac{1}{100}\text{에서}$$

$$n>\frac{100}{3}=33.3\cdots$$

따라서 자연수 n의 최솟값은 34이다.

1 ⑤	**2** 6	**3** ③	**4** ③
5 ②	**6** ④	**7** ③	**8** 48
9 ①	**10** 9		

1

$$(2\sqrt{2})^{\frac{3}{2}}\times(\sqrt{2})^{-\frac{1}{2}}=(2^{\frac{3}{2}})^{\frac{3}{2}}\times(2^{\frac{1}{2}})^{-\frac{1}{2}}$$

$$=2^{\frac{9}{4}}\times2^{-\frac{1}{4}}=2^{\frac{9}{4}-\frac{1}{4}}=2^2=4$$

2

$\log\sqrt[5]{N^3}=\log(N^3)^{\frac{1}{5}}=\log N^{\frac{3}{5}}=\dfrac{3}{5}\log N$이므로

$\log\sqrt[5]{N^3}=1.5612$에서

$$\frac{3}{5}\log N=1.5612$$

$$\log N=1.5612\times\frac{5}{3}$$

$$=2.6020$$

$$=2+2\times0.3010$$

$$=\log10^2+2\log2$$

$$=\log(4\times10^2)$$

$$N=4\times10^2$$

따라서 $a=4$, $n=2$이므로

$$a+n=4+2=6$$

3

$3f(2)=7a-2$에서

$$3a^2=7a-2$$

$$3a^2-7a+2=0$$

$$(3a-1)(a-2)=0$$

$$a=\frac{1}{3}\;\text{또는}\;a=2$$

한편, $b>0$일 때 $f(b)>1$이므로 함수 $y=f(x)$는 x의 값이 증가하면 y의 값도 증가한다.

즉, $a=2$

따라서 $f(1)+f(-1)=2+\dfrac{1}{2}=\dfrac{5}{2}$

4

$$(\log5)^2+(\log2)^2=(\log5+\log2)^2-2\log5\times\log2=1-2a$$

$$(\log5-\log2)^2=(\log5)^2+(\log2)^2-2\log5\times\log2$$

$$=1-2a-2a=1-4a$$

이므로 $\log5-\log2=\sqrt{1-4a}$

$$(\log25)^4-(\log4)^4$$

$$=(2\log5)^4-(2\log2)^4$$

$$=16\{(\log5)^4-(\log2)^4\}$$

$$=16\{(\log5)^2+(\log2)^2\}\{(\log5)^2-(\log2)^2\}$$

$$=16\{(\log 5)^2+(\log 2)^2\}(\log 5+\log 2)(\log 5-\log 2)$$
$$=16(1-2a)\sqrt{1-4a}$$

따라서 $p=16$, $q=4$이므로
$$p+q=16+4=20$$

5

중심각과 원주각의 크기 사이의 관계에 의하여
$$\angle AOP=2\angle ABP=\frac{\pi}{6}, \quad \angle BOP=2\angle BAP=\frac{\pi}{4}$$

이므로
$$\angle AOB=\angle AOP+\angle BOP$$
$$=\frac{\pi}{6}+\frac{\pi}{4}=\frac{5}{12}\pi$$

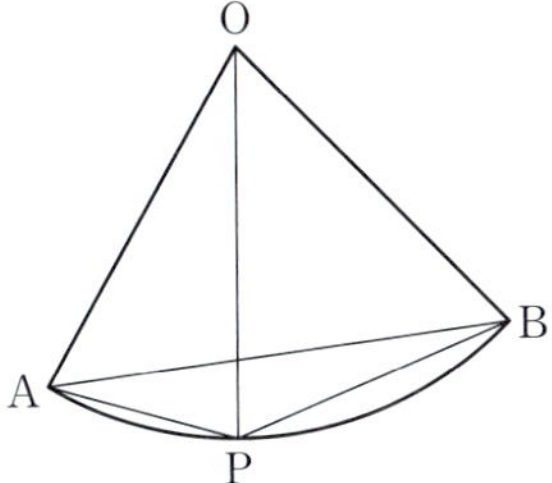

부채꼴 OAB의 반지름의 길이를 $r\,(r>0)$이라 하면
부채꼴 OAB의 넓이가 30π이므로
$$\frac{1}{2}\times r^2\times\frac{5}{12}\pi=30\pi$$
$$r^2=144$$
$r>0$이므로 $r=12$
따라서 호 AB의 길이는
$$12\times\frac{5}{12}\pi=5\pi$$

6

삼각형 ABC의 외접원의 반지름의 길이가 1이므로 사인법칙에 의하여
$$\frac{\overline{BC}}{\sin A}=\frac{\overline{CA}}{\sin B}=\frac{\overline{AB}}{\sin C}=2\times 1=2$$
$\overline{BC}=2\sin A$, $\overline{CA}=2\sin B$, $\overline{AB}=2\sin C$이므로
$$\overline{BC}+\overline{CA}+\overline{AB}=2\sin A+2\sin B+2\sin C$$
$$=2(\sin A+\sin B+\sin C)$$
$$=4$$
따라서 삼각형 ABC의 둘레의 길이는 4이다.

7

$\overline{PA}=x$, $\overline{PB}=y$, $\overline{PC}=z$라 하자.

$\angle APB=\angle ACB=\dfrac{\pi}{3}$이므로 삼각형 ABP에서 코사인법칙에 의하여
$$\overline{AB}^2=x^2+y^2-2xy\cos\frac{\pi}{3}$$
$$=x^2+y^2-2xy\times\frac{1}{2}$$
$$=x^2+y^2-xy$$

또 $\angle APC=\angle ABC=\dfrac{\pi}{3}$이므로 삼각형 APC에서 코사인법칙에 의하여
$$\overline{AC}^2=x^2+z^2-2xz\cos\frac{\pi}{3}$$
$$=x^2+z^2-2xz\times\frac{1}{2}$$
$$=x^2+z^2-xz$$
이때 $\overline{AB}=\overline{AC}$이므로
$$x^2+y^2-xy=x^2+z^2-xz$$
$$y^2-z^2-xy+xz=0$$
$$(y-z)(y+z)-x(y-z)=0$$
$$(y-z)(y+z-x)=0$$
$y\neq z$이므로 $x=y+z$

한편, 삼각형 BPC에서 $\angle BPC=\dfrac{2}{3}\pi$이므로 코사인법칙에 의하여
$$\overline{BC}^2=y^2+z^2-2yz\cos\frac{2}{3}\pi$$
$$=y^2+z^2-2yz\times\left(-\frac{1}{2}\right)$$
$$=y^2+z^2+yz$$
즉,
$$x^2+y^2+z^2=(y+z)^2+y^2+z^2$$
$$=(y^2+2yz+z^2)+y^2+z^2$$
$$=2(y^2+z^2+yz)$$
$$=2\times\overline{BC}^2$$
이때 삼각형 ABC에서 사인법칙에 의하여
$$\frac{\overline{BC}}{\sin\frac{\pi}{3}}=2\times\sqrt{3}$$
이므로
$$\overline{BC}=2\sqrt{3}\times\frac{\sqrt{3}}{2}=3$$
따라서 $x^2+y^2+z^2=2\times\overline{BC}^2=2\times 3^2=18$

8

등비수열 $\{a_n\}$의 첫째항을 $a\,(a\neq 0)$, 공비를 r라 하면 $a_2=2a_1$이므로
$$r=2 \quad \cdots\cdots \text{㉠}$$
또 $a_3\times a_4=a_6+a_7$에서
$$ar^2\times ar^3=ar^5+ar^6$$
$$a^2r^5=ar^5(1+r)$$
$$a=1+r$$
㉠으로부터 $a=3$
따라서 $a_5=3\times 2^4=48$

9

$\displaystyle\sum_{k=1}^{10}(a_k-b_k)=4$에서 $\displaystyle\sum_{k=1}^{10}a_k-\sum_{k=1}^{10}b_k=4 \quad \cdots\cdots \text{㉠}$

$\displaystyle\sum_{k=1}^{9}a_k=\sum_{k=1}^{9}(b_k+1)$에서
$$\sum_{k=1}^{9}a_k=\sum_{k=1}^{9}b_k+\sum_{k=1}^{9}1$$

$$\sum_{k=1}^{9} a_k - \sum_{k=1}^{9} b_k = 9 \qquad \cdots\cdots \; \text{ⓛ}$$

㉠, ㉡에서

$$\left(\sum_{k=1}^{10} a_k - \sum_{k=1}^{9} a_k \right) - \left(\sum_{k=1}^{10} b_k - \sum_{k=1}^{9} b_k \right) = 4 - 9$$

따라서 $a_{10} - b_{10} = -5$

10

(i) a_1이 3 이상의 홀수일 때

$a_2 = a_1 - 1$이므로 a_2는 짝수이다.

$a_3 = a_2 + 3 = (a_1 - 1) + 3 = a_1 + 2$이므로
a_3은 홀수이다.

$a_4 = a_3 - 1 = (a_1 + 2) - 1 = a_1 + 1$이므로
a_4는 짝수이다.

$a_5 = a_4 + 3 = (a_1 + 1) + 3 = a_1 + 4$이므로
a_5는 홀수이다.

$a_6 = a_5 - 1 = (a_1 + 4) - 1 = a_1 + 3$이므로
a_6은 짝수이다.

$$\vdots$$

$a_{2n+2} = a_{2n} + 2$이므로 $a_{10} = a_2 + 2 \times 4$이고 a_{10}은 짝수이다.

$a_{10} = 12$이므로 $(a_1 - 1) + 8 = 12$

$a_1 = 5$

(ii) a_1이 3 이상의 짝수일 때

$a_2 = a_1 + 3$이므로 a_2는 홀수이다.

$a_3 = a_2 - 1 = (a_1 + 3) - 1 = a_1 + 2$이므로
a_3은 짝수이다.

$a_4 = a_3 + 3 = (a_1 + 2) + 3 = a_1 + 5$이므로
a_4는 홀수이다.

$a_5 = a_4 - 1 = (a_1 + 5) - 1 = a_1 + 4$이므로
a_5는 짝수이다.

$$\vdots$$

a_{2n}은 홀수이므로 $a_{10} = 12$라는 조건을 만족시키지 못한다.

(i), (ii)로부터 $a_1 = 5$이고, $a_2 = a_1 - 1 = 5 - 1 = 4$이므로

$a_1 + a_2 = 5 + 4 = 9$

1 ④	**2** ③	**3** ②	**4** 23
5 ⑤	**6** ②	**7** 12	**8** ④
9 ②	**10** 39		

1

$$\log_3 54 - \log_3 \frac{2}{3} = \log_3 \left(54 \times \frac{3}{2} \right)$$
$$= \log_3 81$$
$$= 4 \log_3 3$$
$$= 4$$

2

$3^x = t$라 하면 $t > 0$이고 $9^x = t^2$이므로 방정식 $2 \times 9^x + 63 = (3^x + 6)^2$은

$2t^2 + 63 = (t + 6)^2$

$t^2 - 12t + 27 = 0$

$(t - 3)(t - 9) = 0$

$t = 3$ 또는 $t = 9$

따라서 $3^x = 3$에서 $x = 1$이고 $3^x = 9$에서 $x = 2$이므로 모든 실수 x의 값의 합은

$1 + 2 = 3$

3

함수 $y = -a^{x-1} + 2$가 $x = 3$에서 함숫값 $\frac{7}{2}(1 - a)$를 가지므로

$$-a^{3-1} + 2 = -\frac{7}{2}a + \frac{7}{2}$$

$$-a^2 = -\frac{7}{2}a + \frac{3}{2}$$

$2a^2 - 7a + 3 = 0$

$(2a - 1)(a - 3) = 0$

$a = \frac{1}{2}$ 또는 $a = 3 \qquad \cdots\cdots \; \text{㉠}$

한편, 함수 $y = -a^{x-1} + 2$의 그래프는 함수 $y = -a^x$의 그래프를 x축의 방향으로 1만큼, y축의 방향으로 2만큼 평행이동한 것이다.

그러므로 주어진 함수가 $x = 3$에서 최댓값을 갖기 위해서는 함수 $y = -a^x$의 그래프는 x의 값이 커짐에 따라 y의 값은 감소해야 한다.

한편, 함수 $y = -a^x$의 그래프는 함수 $y = a^x$의 그래프를 x축에 대하여 대칭이동한 것이므로 함수 $y = a^x$의 그래프는 x의 값이 커짐에 따라 y의 값도 증가해야 한다.

즉, $a > 1$이어야 하므로 ㉠에서 $a = 3$이고, $x = 4$일 때 최솟값 m은

$m = -3^{4-1} + 2 = -25$

따라서 $a + m = 3 + (-25) = -22$

4

로그의 진수 조건에 의하여

$g(x) + 2 > 0$이므로

$g(x) > -2 \qquad \cdots\cdots \; \text{㉠}$

$\log_2 \{g(x)+2\} \leq \log_2 11$에서

$g(x)+2 \leq 11$이므로

$g(x) \leq 9$ ...... ㉡

㉠, ㉡에서 $-2 < g(x) \leq 9$이므로 $g(x)=k$를 만족시키는 정수 k는 -1 이상 9 이하인 모든 정수이다.

이때 방정식 $g(x)=k$ $(k=-1,\ 0,\ 1,\ 2,\ \cdots,\ 9)$를 만족시키는 양수 x의 개수는 함수 $y=g(x)$의 그래프와 직선 $y=k$가 만나는 점 중 x좌표가 양수인 점의 개수와 같다.

따라서 $n(A_k)=2$, 즉 방정식 $g(x)=k$ $(k=-1,\ 0,\ 1,\ 2,\ \cdots,\ 9)$를 만족시키는 양수 x의 개수가 2이도록 하는 정수 k는

$-1,\ 0,\ 1,\ 2,\ 3,\ 4,\ 5,\ 9$

이므로 구하는 모든 k의 값의 합은

$-1+0+1+2+3+4+5+9=23$

참고

예를 들어 그림과 같이 함수 $y=g(x)$의 그래프와 직선 $y=3$이 만나는 네 점 중 x좌표가 양수인 두 점 P, Q의 x좌표를 각각 α, β라 하면 $g(x)=3$을 만족시키는 양수 x는 α, β이므로 $n(A_3)=2$이다.

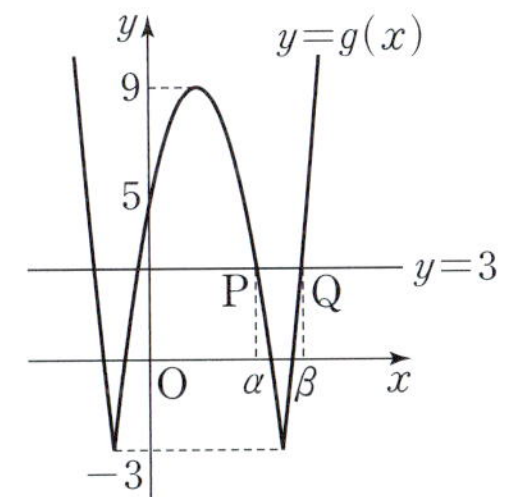

5

$r=\overline{OP}=\sqrt{a^2+4^2}=\sqrt{a^2+16}$

$\sin\theta=\dfrac{4}{r}=\dfrac{4}{\sqrt{a^2+16}}=\dfrac{1}{3}$에서

$r=12,\ a^2=128$

$\cos\theta=\dfrac{a}{r}$이므로

$r\cos^2\theta=r\times\left(\dfrac{a}{r}\right)^2=\dfrac{a^2}{r}=\dfrac{128}{12}=\dfrac{32}{3}$

6

$\overline{AP}=x$라 하면 $\overline{PB}=\overline{QC}=12-x$이고,

$\angle A=\angle B=\angle C=\dfrac{\pi}{3}$이므로 호 PQ의 길이는 $\dfrac{\pi}{3}x$이고,

호 PR와 호 QS의 길이는 모두 $\dfrac{\pi}{3}(12-x)$이다.

이때 세 호 PQ, PR, QS의 길이의 합이 $\dfrac{17}{3}\pi$이므로

$\dfrac{\pi}{3}x+2\times\dfrac{\pi}{3}(12-x)=\dfrac{17}{3}\pi$

$x+2(12-x)=17$

$x=7$

따라서 선분 AP의 길이는 7이다.

7

삼각형 ABC의 넓이가 $\dfrac{1}{2}\times 12\times 5=30$이므로 삼각형 ADE의 넓이는 15이다.

(삼각형 ADE의 넓이)$=\dfrac{1}{2}\times\overline{AD}\times\overline{AE}\times\sin A=15$ ...... ㉠

또한 삼각형 ADE에서 코사인법칙에 의하여

$\overline{DE}^2=\overline{AD}^2+\overline{AE}^2-2\times\overline{AD}\times\overline{AE}\times\cos A$ ...... ㉡

한편, 삼각형 ABC에서 $\sin A=\dfrac{5}{13}$, $\cos A=\dfrac{12}{13}$이다.

㉠에서 $\dfrac{1}{2}\times\overline{AD}\times\overline{AE}\times\dfrac{5}{13}=15$이므로

$\overline{AD}\times\overline{AE}=78$ ...... ㉢

㉡에서

$\begin{aligned}\overline{DE}^2&=\overline{AD}^2+\overline{AE}^2-2\times\overline{AD}\times\overline{AE}\times\dfrac{12}{13}\\&=\overline{AD}^2+\overline{AE}^2-144\\&=(\overline{AD}-\overline{AE})^2+2\times\overline{AD}\times\overline{AE}-144\\&=(\overline{AD}-\overline{AE})^2+12\ (㉢에\ 의하여)\end{aligned}$

따라서 $\overline{AD}=\overline{AE}$일 때, $\overline{DE}$는 최솟값 $2\sqrt{3}$을 갖는다.

$m=2\sqrt{3}$이므로 $m^2=12$

8

등비수열 $\{a_n\}$의 첫째항을 a, 공비를 r라 하면

$a_1+a_2+a_3=14$에서

$a+ar+ar^2=14$ ...... ㉠

또 $a_2+a_3+a_4=-42$에서

$ar+ar^2+ar^3=-42$

$r(a+ar+ar^2)=-42$

㉠에서 $r\times 14=-42$이므로 $r=-3$

$r=-3$을 ㉠에 대입하면

$a-3a+9a=14$

$7a=14$에서 $a=2$

따라서 $a_1=2$

9

$\dfrac{1}{\sqrt{5k+4}+\sqrt{5k-1}}$

$=\dfrac{\sqrt{5k+4}-\sqrt{5k-1}}{(\sqrt{5k+4}+\sqrt{5k-1})(\sqrt{5k+4}-\sqrt{5k-1})}$

$=\dfrac{\sqrt{5k+4}-\sqrt{5k-1}}{(5k+4)-(5k-1)}$

$=\dfrac{\sqrt{5k+4}-\sqrt{5k-1}}{5}$

이므로

$\displaystyle\sum_{k=1}^{9}\dfrac{1}{\sqrt{5k+4}+\sqrt{5k-1}}$

$=\displaystyle\sum_{k=1}^{9}\dfrac{\sqrt{5k+4}-\sqrt{5k-1}}{5}$

$=\dfrac{1}{5}\{(\sqrt{9}-\sqrt{4})+(\sqrt{14}-\sqrt{9})+(\sqrt{19}-\sqrt{14})+\cdots+(\sqrt{49}-\sqrt{44})\}$

$$= \frac{1}{5}(7-2)$$
$$= 1$$

10

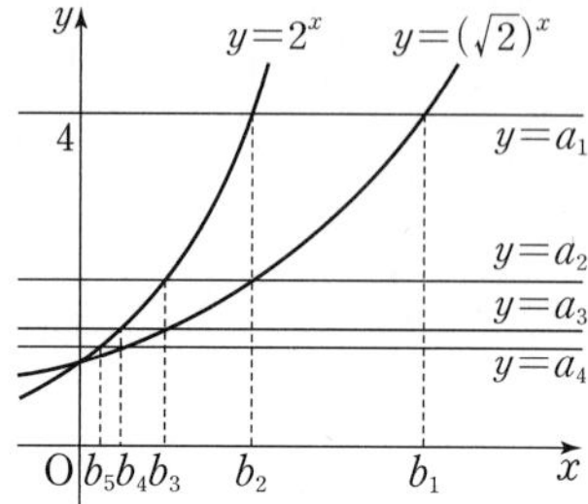

위의 그림에서 두 수열 $\{a_n\}$, $\{b_n\}$의 각 항을 구하면 다음과 같다.

(ⅰ) 직선 $y=a_1=4$가 곡선 $y=(\sqrt{2})^x$과 만나는 점의 x좌표가 b_1이므로 $4=(\sqrt{2})^x$에서 $x=b_1=4$이고 곡선 $y=2^x$과 만나는 점의 x좌표가 b_2이므로 $4=2^x$에서 $x=b_2=2$

직선 $y=a_2$가 곡선 $y=(\sqrt{2})^x$과 만나는 점의 x좌표가 b_2이므로 $b_2=2$에서 $a_2=(\sqrt{2})^2=2$

따라서 $\dfrac{a_1}{b_1}=\dfrac{4}{4}=1$, $\dfrac{a_2}{b_2}=\dfrac{2}{2}=1$

(ⅱ) 직선 $y=a_2=2$가 곡선 $y=2^x$과 만나는 점의 x좌표가 b_3이므로 $2=2^x$에서 $x=b_3=1$

$a_3=(\sqrt{2})^1=\sqrt{2}$

따라서 $\dfrac{a_3}{b_3}=\dfrac{\sqrt{2}}{1}=\sqrt{2}=2^{\frac{1}{2}}$

(ⅲ) 직선 $y=a_3=\sqrt{2}$가 곡선 $y=2^x$과 만나는 점의 x좌표가 b_4이므로 $\sqrt{2}=2^x$에서 $x=b_4=\dfrac{1}{2}=2^{-1}$

$a_4=(\sqrt{2})^{\frac{1}{2}}=2^{\frac{1}{4}}$

따라서 $\dfrac{a_4}{b_4}=\dfrac{2^{\frac{1}{4}}}{2^{-1}}=2^{\frac{5}{4}}$

(ⅳ) 직선 $y=a_4=2^{\frac{1}{4}}$이 곡선 $y=2^x$과 만나는 점의 x좌표가 b_5이므로 $2^{\frac{1}{4}}=2^x$에서 $x=b_5=\dfrac{1}{4}=2^{-2}$

$a_5=(\sqrt{2})^{\frac{1}{4}}=2^{\frac{1}{8}}$

따라서 $\dfrac{a_5}{b_5}=\dfrac{2^{\frac{1}{8}}}{2^{-2}}=2^{\frac{17}{8}}$

(ⅰ)~(ⅳ)에서

$$\sum_{n=1}^{5} \log_2 \frac{a_n}{b_n} = \log_2 \frac{a_1}{b_1} + \log_2 \frac{a_2}{b_2} + \log_2 \frac{a_3}{b_3} + \log_2 \frac{a_4}{b_4} + \log_2 \frac{a_5}{b_5}$$
$$= \log_2 \left(\frac{a_1}{b_1} \times \frac{a_2}{b_2} \times \frac{a_3}{b_3} \times \frac{a_4}{b_4} \times \frac{a_5}{b_5} \right)$$
$$= \log_2 \left(1 \times 1 \times 2^{\frac{1}{2}} \times 2^{\frac{5}{4}} \times 2^{\frac{17}{8}} \right)$$
$$= \log_2 2^{\frac{1}{2}+\frac{5}{4}+\frac{17}{8}} = \frac{31}{8}$$

따라서 $p=8$, $q=31$이므로 $p+q=8+31=39$

다른 풀이

$a_n=(\sqrt{2})^{b_n}=2^{\frac{1}{2}b_n}$에서 $2^{\frac{1}{2}b_n}=2^{b_{n+1}}$이므로

$b_{n+1}=\dfrac{1}{2}b_n$이고

$a_1=(\sqrt{2})^{b_1}=4$에서 $b_1=4$

따라서 수열 $\{b_n\}$은 첫째항이 4이고 공비가 $\dfrac{1}{2}$인 등비수열이다.

즉, $b_n=4\times\left(\dfrac{1}{2}\right)^{n-1}=2^{3-n}$

한편, $2^{b_{n+1}}=a_n$에서 $b_{n+1}=2^{2-n}$이므로 $a_n=2^{2^{2-n}}$

따라서 $\log_2 \dfrac{a_n}{b_n}=\log_2 \dfrac{2^{2^{2-n}}}{2^{3-n}}=2^{2-n}+(n-3)$

$$\sum_{n=1}^{5}(2^{2-n}+n-3)=\frac{2\times\left\{1-\left(\dfrac{1}{2}\right)^5\right\}}{1-\dfrac{1}{2}}+\frac{5\times 6}{2}-3\times 5$$
$$=4-4\times\left(\dfrac{1}{2}\right)^5+15-15$$
$$=4-\frac{1}{8}=\frac{31}{8}$$

즉, $p=8$, $q=31$이므로 $p+q=8+31=39$